José Albino Moreno Rodríguez
Lilián Aurora Moreno Rodríguez

Geometría Molecular

José Albino Moreno Rodríguez
Lilián Aurora Moreno Rodríguez

Geometría Molecular

Fundamentos

Editorial Académica Española

Imprint

Cover image: www.ingimage.com

Publisher:
Editorial Académica Española
is a trademark of
Dodo Books Indian Ocean Ltd. and OmniScriptum S.R.L publishing group

120 High Road, East Finchley, London, N2 9ED, United Kingdom
Str. Armeneasca 28/1, office 1, Chisinau MD-2012, Republic of Moldova, Europe
Printed at: see last page
ISBN: 978-613-9-43732-0

Prologo.

Comenzamos por los vocablos griegos, geo: que significa tierra y metrein: medir; por lo tanto, la palabra geometría históricamente significa "medir la tierra".

Con el transcurso de los años, ha llegado una revolución científico-socio-cultural y tecnológica del conocimiento teórico-experimental, obligando a crear nuevas áreas de investigación para tratar de entender y comprender algunos misterios que guarda la ciencia y en este sentido definir e interpretar más adecuadamente los conceptos macro y micro naturales. Por lo tanto, se ha ido enriqueciendo el significado de la palabra geometría.

Geometría, se establece que es una rama de las matemáticas que estudia las propiedades y de las magnitudes de las figuras en el plano o en el espacio.

Dependiendo del estudio, interpretación o de acuerdo al enfoque científico que se quiera aplicar, la geometría se puede clasificar en:

a) Geometrías según el tipo de espacio.
b) Geometrías asociadas a transformaciones.
c) Geometrías según el tipo de representación.
d) Geometrías aplicadas.

Tomando en cuenta la definición de geometría y estrechado el enorme conocimiento de las Ciencias Naturales, para un mundo microscópico o mejor dicho para un mundo entre la escala del angstrom (tamaño del átomo de hidrógeno) y de las micras (tamaño del pandoravirus) y considerando la clasificación de la geometría aplicada; se desarrolla la rama de la químico-matemáticas llamada geometría molecular.

La geometría molecular tiene como objetivo fundamental en dar respuestas adecuadas y acordes a las propiedades fisicoquímicas a nivel mesoscópico que presenta la materia como el punto de fusión, punto de ebullición, densidad, entre otras, basándose en el comportamiento de los átomos y moléculas de la materia, orientados en un espacio tridimensional y desde un punto de vista de la mecánica cuántica.

Los autores.

CONTENIDO GENERAL **PÁGINA**

CAPÍTULO I.

GEOMETRÍA MOLECULAR

José Albino Moreno Rodríguez[1], Ángel Moreno Rodríguez[1], Silvia Guadalupe Rodríguez Castillo[1], Lilián Aurora Moreno Rodríguez[2].

[1]Facultad de Ciencias Químicas, Av. San Manuel, Senda Química, C. U, 72570, [2]Instituto de Física, Av. San Claudio y Blvd. 18 sur, Col. San Manuel, 72570. Benemérita Universidad Autónoma de Puebla.

e-mail: doc99albino@gmail.com

INTRODUCCIÓN.

1.1 Geometría molecular.

La geometría molecular es la rama de la química que predice la disposición espacial relativa en la cual se encuentran los átomos de una molécula; es decir, es el arreglo geométrico de los átomos en el espacio (tres dimensiones), de la molécula. La orientación espacial de cada átomo de la molécula caracteriza las propiedades físicas y químicas de las sustancias; además, determina las propiedades de un compuesto como reactividad, polaridad, estado, color, magnetismo, actividad biológica, entre otras propiedades.

La geometría molecular de una sustancia en el espacio, se puede predecir empleando las estructuras de Lewis y el modelo de Valence Shell Electronic Pair Repulsion (VSPR) o Repulsión entre Pares de Electrones de la Capa de Valencia (RPECV).

De forma experimental la geometría molecular se predice por métodos espectroscópicos de difracción y con programas basados en la mecánica cuántica.

1.2 Introducción a la geometría molecular.

Los antecedentes históricos para comprender el origen o desarrollo de la geometría molecular, parten de los estudios de la teórica atómica, de las ideas y postulados de Dalton, Bohr, Planck, Rutherford, entre otros y de los conceptos planteados por Friedrich Kekulé (du acuerdo al concepto orgánico de la materia).

1.3 Números cuánticos.

De acuerdo a los postulados del Bohr y la descripción de su modelo atómico; en resumen, establece la cuantización de la energía, el comportamiento de los electrones en los niveles energéticos de los átomos, asignando a estos niveles la simbología con las letras latinas K, L, M, N, etc. Bohr asigna a los niveles energéticos un valor numérico de números enteros sencillos positivos.

Los niveles energéticos están constituidos por subniveles de energía y presentan la capacidad de llenarse de acuerdo a los principios de aufbau y a la máxima capacidad de contener electrones de acuerdo a la solución de la ecuación de onda de Schrödinger

La tabla 1, muestra los niveles o capas energéticas de los átomos y los subniveles que forman a cada capa o nivel energético.

Tabla 1. Capas y subcapas del átomo

Capa	Subcapa (orbital)
K	s
L	s $\wedge$ p
M	s, p $\wedge$ d
N	s, p, d $\wedge$ f
S	s, p, d, f $\wedge$ g

Donde

$\wedge$ significa en castellano: y.

Las subcapas o subniveles energéticos, generalmente se les conoce como orbitales. Los orbitales de cada nivel se les simboliza con letras minúsculas del alfabeto latino (que es el más usado en el mundo): s, p, d y f.

Para comprender y estudiar el comportamiento de los electrones en los niveles energéticos de los átomos, se designan cuatro números cuánticos. Los números cuánticos explican el comportamiento de los electrones en la vecindad de la densidad de carga energética (orbitales energéticos).

El estatus de los cuatro números cuánticos es el siguiente:

1. Número cuántico que no depende de los otros tres números cuánticos es el llamado número cuántico principal o absoluto, simbolizado por la letra latina n minúscula.
2. Número cuántico azimutal o del momento angular, que depende del número cuántico principal. El símbolo asignado al número cuántico azimutal es la letra latina manuscrita ℓ.
3. Número cuántico magnético, que depende del número cuántico azimutal, simbolizado por la letra m_ℓ.
4. Número cuántico del spin, este número cuántico no depende de los tres números cuánticos anteriores, solo depende del giro del electrón cuando es sometido a un campo magnético. El símbolo asignado al número cuántico del spin es m_s.

1.4 Número cuántico principal.

El número cuántico principal, se designa con la letra latina: n.

El número cuántico principal determina la energía de los orbitales y la distancia que existe entre los orbitales energéticos respecto al núcleo. Las unidades de la energía generalmente se expresan en electrón volts (eV); sin embargo, la energía del nivel energético se puede establecer en Joule (J), Ergios (erg), calorías (cal) o kilocalorías (kcal).

Las unidades de la distancia generalmente son nanómetros (nm) o angstrom (Å); sin embargo, la distancia entre el núcleo de un átomo y los respectivos niveles energéticos, también se pueden expresar en cualquier unidad de longitud.

Los valores numéricos para el número cuántico principal, es el conjunto de números enteros positivos hasta infinito; es decir, n = 1, 2, 3, 4, 5, etc.

La fórmula matemática para determinar el valor de la energía de la órbita en donde se encuentra el electrón, está dada por la ecuación uno.

$$E_n = -\frac{2\pi^2 z^2 m_{\bar{e}} \bar{e}^4 k^2}{n^2 h^2} = -\frac{Z^2 E_h}{n^2} \qquad 1$$

Dónde:

E_n es la magnitud de la energía del enésimo nivel energético en eV
$m_{\bar{e}}$ es la masa del electrón en kg (9.11×10^{-31} kg)
$\bar{e}$ es la carga del electrón en coulomb (1.602×10^{-19} C)
n es el número cuántico principal.
h es la constante de Planck en J s (6.63×10^{-34} Js)
k es la constante coulombica en N m^2/C^2 (9×10^9 Nm^2/C^2).
Z es el número atómico del elemento.
E_h es la energía de Bohr para el átomo de hidrógeno.
n número cuántico principal
E_h es la energía de Hartree (4.36×10^{-18} J).

La distancia de la enésima orbita de un átomo respecto a su núcleo está establecida por la fórmula matemática 2.

$$r_n = \frac{n^2 h^2}{2\pi^2 z\, m_{\bar{e}} \bar{e}^2 k} = \frac{n^2}{Z} r_a \qquad 2$$

Dónde:

r_n es la distancia entre la órbita energética y el núcleo del átomo en m
n es el número cuántico principal.
h es la constante de Planck en J s
$m_{\bar{e}}$ es la masa del electrón en kg
$\bar{e}$ es la carga del electrón en coulomb
k es la constante de proporción Coulombica en N m^2/C^2
z es el número atómico del elemento.
r_a es el radio de Bohr = 0.5 Å.

Al sustituir los valores de las constantes en la fórmula matemática 2, para un nivel basal (orbital de menor energía) del átomo de hidrógeno se tiene el valor del radio de Bohr (0.529 Å).

La fórmula reducida para calcular el radio de la órbita energética respecto al núcleo, se establece en la fórmula matemática tres:

$$r_n = n^2\, r_a/z \qquad 3$$

Dónde:

r_n es la distancia existente entre la órbita energética enésima respecto al núcleo del átomo.
n es el número cuántico principal.
r_a es el radio de Bohr respecto al átomo de hidrogeno (r_B = 0.529 Å).
z es el número atómico del elemento.

Ejemplos.

1. Calcular la energía del primer nivel energético en electrón volt, ergios, calorías y el radio de la órbita para el átomo de hidrógeno en pie, nanómetros y angstrom.

Datos:
n = 1 ⇒ átomo de hidrógeno.
E^1 = ? en eV, erg y cal.
r_1 = ? en ft, nm y Å

Sustituyendo el valor de las constantes en la ecuación de la energía.

$$E_1 = -\frac{2\pi^2 Z^2 m_e \bar{e}^4 k^2}{n^2 h^2} = \frac{2(3.1416)^2 (1)^2 (9.11\text{x}10^{-31}\ \text{kg})(1.602\text{x}10^{-12}\ \text{C})^4 (9\text{x}10^9\ \text{Nm}^2/\text{C}^2)^2}{(1)^2 (86.63\text{x}10^{-34}\ \text{Js})^2}$$

$$E_1 = -\frac{9.59\text{x}10^{-85}}{4.39\text{x}10^{-67}} = -2.18\text{x}10^{-18}\ \text{J}\left(\frac{\text{eV}}{1.609\text{x}10^{-19}\ \text{J}}\right) = -13.56\ \text{eV}$$

De tablas: J = 2.39x10^{-4} kcal = 1x10^7 erg

$$E_1 = -2.18\text{x}10^{-18}\ \text{J}\left(\frac{2.39\text{x}10^{-4}\ \text{kcal}}{\text{J}}\right)\left(\frac{10^3\ \text{cal}}{\text{kcal}}\right) = -5.21\text{x}10^{-19}\ \text{cal}$$

$$E_1 = -2.18\text{x}10^{-18}\ \text{J}\left(\frac{10^7\ \text{erg}}{\text{J}}\right) = -2{,}18\text{x}10^{-11}\ \text{erg}$$

Utilizando la fórmula reducida de la energía, también se obtienen los resultados para el valor de le energía del nivel energético en eV, erg y cal.

De forma similar, se realizan las equivalencias entre las unidades de J a cal y de J a erg, con los resultados de:

$$E_1 = -\ 5.21x10^{-19}\ cal\ y\ E_1 = -\ 2.18x10^{-11}\ erg$$

$$E_1 = -\ \frac{Z^2\ E_1}{n^2} = -\ \frac{(1^2)(2.18x10^{-18}\ J)}{1^2} = -\ 2.18x10^{-18}\ J\left(\frac{eV}{1.609x10^{-19}\ J}\right) = -\ 13.55\ eV$$

Calculando el valor de la distancia existente entre el núcleo del átomo y el primer nivel energético.

$$r_n = \frac{n^2\ h^2}{4\pi^2 Z^2\ m_e\ \bar{e}^2\ k} = \frac{(1)^2\ (6.63x10^{-34}\ J\ s)^2}{4(3.1416)^2\ (1)^2\ (9.11x10^{-31}\ kg)\ (1.609x10^{-19}\ C)^2\ (9x10^9\ Nm^2/C^2)} = \frac{4.396x10^{-67}}{8.38x10^{-57}} = 5.25x10^{-11}\ m$$

$$r_n = 5.28x10^{-11}\ m\left(\frac{Å}{10^{-10}\ m}\right) = 0.528\ Å$$

Con la fórmula reducida del radio, se obtiene el mismo valor del radio de Bohr.

$$r_n = n^2\ r_a = 1^2(0.529\ Å) = 0.529\ Å$$

2. Calcular y expresar el valor de la energía en eV y kcal y el radio en nm y pm del último nivel energético del átomo de silicio

De acuerdo a la configuración electrónica del silicio (Si):

$^{14}Si: 1s^2 2s^2 p^6 3s^2 p^2 \Rightarrow$ último nivel es n = 3

$$r_n = \frac{n^2\ h^2}{4\ \pi^2\ z\ m_e\ \bar{e}^2\ k} \Rightarrow r_3 = \frac{(3)^2\ (6.63x10^{-34}\ Js)^2}{4(3.1415)^2(14)(9.11x10^{-31}\ kg)(1.609x10^{-19}\ C)^2(9x10^9\ Nm^2/C^2)}$$

$$r_3 = \frac{(9)(4.396x10^{-67}\ J^2\ s^2)}{4(9.87)(14)(9.11x10^{-31}kg)(2.59x10^{-38}\ C^2)(9x10^9\ Nm^2/C^2)} = \frac{3.96x10^{-66}\ J^2s^2}{1.174x10^{-55}\ kgNm^2}$$

$$r_3 = 3.4x10^{-11}\ m\left(\frac{nm}{10^{-9}\ m}\right) = 0.034\ nm\left(\frac{10^3\ pm}{nm}\right) = 34\ pm$$

Calculando la distancia de n = 3, con la fórmula reducida del radio:

$$r_3 = \frac{n^2\, r_a}{z} = \frac{3^2(0.5\ \text{Å})}{14} = 0.32\ \text{Å}\left(\frac{\text{nm}}{10\ \text{Å}}\right) = 0.032\ \text{nm}\left(\frac{10^3\ \text{pm}}{\text{nm}}\right) = 32\ \text{pm}$$

Calculando la energía del orbital para el átomo de silicio, en n = 3

$$E_n = -\frac{2\,\pi^2 z^2 m\bar{e}\, \bar{e}^4 k^2}{n^2 h^2} \Rightarrow E_3 = -\frac{2(3.1416)^2(14)^2(9.11\text{x}10^{-31}\ \text{kg})(1.609\text{x}10^{-19})^4\ (9\text{x}10^9\ \text{Nm}^2/\text{C}^2)^2}{(3)^2(6.63\text{x}10^{-34})^2}$$

$$E_3 = -\frac{2(9.87)(196)(9.11\text{x}10^{-31}\ \text{kg})(6.7\text{x}10^{-76}\ \text{C}^4)\ (8.1\text{x}10^{19}\ \text{N}^2\text{m}^4/\text{C}^4)}{9(4.396^{-67}\ \text{J}^2\text{s}^2)} = -\frac{1.913\text{x}10^{-82}\ \text{kgN}^2\text{m}^4}{3.96\text{x}10^{-66}\ \text{J}^2\text{s}^2}$$

$$E_3 = -4.83\text{x}10^{-17}\ \text{J}\left(\frac{\text{eV}}{1.609\text{x}10^{-19}\ \text{J}}\right) = -300.2\ \text{eV}\left(\frac{3.827\text{x}10^{23}\ \text{kcal}}{\text{eV}}\right) = 1.15\text{x}10^{26}\ \text{kcal}$$

Calculando la energía de n = 3, con la fórmula reducida de la energía:

$$E_3 = -\frac{z^2\, E_B}{n^2} = -\frac{(14)^2\ (13.6\ \text{eV})}{3^2} = -\frac{2.67\text{x}10^3\ \text{eV}}{9} = -296.2\ \text{eV}$$

Ejercicios.

1. Calcular el valor del tercer nivel de energía en kcal y eV y la distancia que separa el núcleo respecto al tercer nivel de energía del átomo de sodio, en cm y nm
2. Calcular el valor de la energía en J y erg y el valor del radio en m y pm, cuando n = 4.
3. Calcular el radio en Å y µm y la energía en erg y cal, para el último nivel energético del átomo de oro

1.5 Número cuántico del momento angular o número cuántico azimutal.

El número cuántico azimutal se simboliza con la letra latina script minúscula ℓ. El número cuántico azimutal, describe la forma de los orbitales o subniveles (s, p, d y f).

Las propiedades numéricas del número cuántico del momento angular (azimutal), dependen del número cuántico principal; es decir, para un valor dado de n; el número cuántico del momento angular ℓ, puede tener los valores de cero (número natural) y el conjunto de números enteros positivos.

$$\ell = 0, 1, 2, 3, 4, 5, \text{etc.}$$

Si $\ell = 0 \Rightarrow$ la forma del orbital es una esfera.

Si $\ell = 1 \Rightarrow$ la forma del orbital es un lóbulo simétrico.

Si $\ell = 2 \Rightarrow$ la forma del orbital es diversa (4 lóbulos simétricos y un doble lóbulo rodeado por un añillo.

Si $\ell = 2 \Rightarrow$ la forma del orbital es diversas. Lóbulos con anillos.

A medida que aumenta el número cuántico principal n, aumenta la forma de los orbitales s, p, d y f.

Por ejemplo.

Si n = 1, ℓ puede tomar un solo valor posible: 0.

Si n = 2, ℓ puede tomar dos valores posibles: 0 y 1.

Si n = 3, ℓ puede tomar tres valores posibles: 0, 1 y 2.

La magnitud o el valor del número cuántico del momento angular, representa a un orbital del nivel energético y generalmente se designan las letras: s, p, d, etc; es decir, sí:

$\ell = 0$ entonces este valor representa al orbital s.

$\ell = 1$ entonces este valor representa al orbital p.

$\ell = 2$ entonces este valor representa al orbital d.

$\ell = 3$ entonces este valor representa al orbital f.

$\ell = 4$ entonces este valor representa al orbital g.

Y así sucesivamente hasta infinito.

1.6 Número cuántico magnético (m_ℓ).

El número cuántico magnético, describe la orientación del orbital en el espacio o en tres dimensiones.

La magnitud o el valor del número cuántico magnético va a depender del valor del número cuántico del momento angular (ℓ); es decir, para un valor establecido de ℓ, existe: $2\ell + 1$ valores enteros de m_ℓ.

Los valores que puede tener m_ℓ son: cero (número natural) y el conjunto de números enteros positivos y negativos hasta infinito.

Por ejemplo:

Si $\ell = 0$; entonces $m\ell$ tiene el valor de 0; ($m_\ell = 0$)

Si $\ell = 1$; entonces $m\ell$ tiene los valores de -1, 0, +1

Si $\ell = 2$ entonces $m\ell$ tiene los valores de -2, -1, 0, +1, +2

Si $\ell = 3$ entonces $m\ell$ tiene los valores de -3, -2, -1, 0, +1, +2, +3
Y así sucesivamente.

1.7 Número cuántico de spin electrónico.

El número cuántico del spin, describe el comportamiento del electrón cuando está sometido a la acción de un campo magnético.

La simbología que se le asigna al número cuántico del spin es una letra latina minúscula m_S.

El electrón sometido a la fuerza de un campo magnético gira un medio positivo y posteriormente gira un medio negativo; por lo tanto, los valores o magnitud que pueden tener los electrones bajo la acción de un campo magnético son: + 1/2 y -1/2

La representación gráfica del giro del electrón en el campo magnético es: una flecha apuntando hacia arriba (1/2: ↑) y una flecha apuntando hacia abajo (-1/2: ↓).

La simbología adecuada para expresar los cuatro números cuánticos de un electrón en la órbita de un átomo es: (n, ℓ, $m\ell$, m_s).

Ejemplos.

1. Establecer el valor de los números cuánticos para el orbital de n = 2

Si: $n = 2 \Rightarrow \ell$ puede tener dos valores: 0 y 1.

$\ell = 0 \Rightarrow m\ell = 0 \Rightarrow m_s = \pm \frac{1}{2}$; porque ℓ representa al orbital s y la máxima capacidad de electrones para el orbital s son 2 (una casilla).

$\ell = 1 \Rightarrow m_\ell = -1, 0, 1 \Rightarrow m_s = 3(\pm \frac{1}{2})$; porque ℓ representa al orbital p y la máxima capacidad de electrones para el orbital p son 6 (tres casillas).

La representación de los números cuánticos para todos los electrones (8 ē), del nivel n = 2 son: 2 ē del orbital s y 6 ē del orbital p, y cada electrón tiene sus cuatro números cuánticos, de acuerdo al principio de aufbau.

Nota: En este libro se representarán los electrones de la siguiente forma: electrones apareados: $\pm \frac{1}{2}$ y electrones desapareados: $\frac{1}{2}$ o $-\frac{1}{2}$

De acuerdo a lo anterior, los 4 números cuánticos para los 8ē son:

$$
\begin{array}{llll}
(n & \ell & m_\ell & m_s) \\
(2 & 0 & 0 & \pm ½) \Rightarrow 2s^2 \Rightarrow 2s^2 \\
(2 & 0 & -1 & \pm ½) \Rightarrow 2p_x \\
(2 & 0 & 0 & \pm½) \Rightarrow 2p_y \quad 2p^6 \\
(2 & 0 & 1 & \pm½) \Rightarrow 2p_z
\end{array}
$$

2. Establecer los cuatro números cuánticos para el átomo de litio.

El litio presenta un número atómico igual a tres (Z = 3), esto indica que presenta tres electrones, dos electrones en n = 1 y un electrón en n = 2.

$n = 1; \ell = 0; m_\ell = 0 \wedge m_s = \pm½ \Rightarrow 1s^2$

$n = 2; \ell = 1; m\ell = 0 \wedge m_s = ½ \vee -½ \Rightarrow 2s^1$

1.8 Orbitales atómicos.

La relación de la cantidad máxima de electrones y la magnitud de orbitales atómicos de un nivel electrónico, se presenta en la tabla 2.

Tabla 2. Cantidad y relación entre los números cuánticos y los orbitales atómicos

n	ℓ	$m\ell$	Número de orbitales	Representación del orbital atómico
1	0	0	1	1s
2	0	0	0	2s
	1	-1, 0, +1	3	2p (p_x, p_y y p_z)
3	0	0	1	3s
	1	-1, 0, +1	3	3p (px, py y pz)
	2	-2...0...+2	5	3d (d_{xy}, d_{yz}, d_{xz}, d_{x2-y2} y d_{z2})
4				

1.8.1 Orbital s.

Un orbital atómico se define de acuerdo con la mecánica cuántica como una función de onda monoelectrónica PSI (Φ), simbolizada en la ecuación de Schrödinger.

La ecuación de Schrödinger, se define como la probabilidad de eventos o resultados en las energías cuantizadas del sistema y da la forma de la función de onda, de manera que pueden ser calculadas otras propiedades.
Matemáticamente la ecuación, se describe como:

$$H\Psi = E\Psi$$

Donde.

H: es el operador Hamiltoniano para un oscilador armónico cuántico.
Ψ: función de onda
E: valor propio para la energía de un sistema.

Los orbitales atómicos, no presenta una forma bien definida porque la función de onda que los caracteriza se extiende desde el núcleo hasta el infinito. De acuerdo a las ideas de la mecánica cuántica, un electrón se puede ubicar en cualquier lugar del espacio y la mayor parte del tiempo se localiza muy cerca del núcleo.

La figura 1, muestra la gráfica de la densidad electrónica del orbital 1s de un átomo de hidrógeno en fundición de la distancia al núcleo y la representación del decaimiento de la densidad y la forma del orbital 1s.

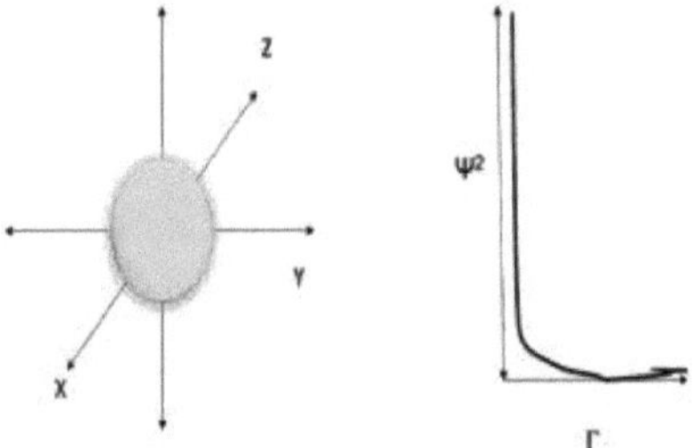

Figura 1. Gráfica de la densidad electrónica y diagrama de contorno de superficie del orbital 1s del hidrógeno

La densidad electrónica decae muy rápido a medida que aumenta la distancia del núcleo. Por lo tanto, existe una probabilidad del 90% de encontrar al electrón dentro de una esfera de 100 pm de radio alrededor del núcleo.

Todos los orbitales s, presentan la forma de una esfera y aumenta de tamaño a medida que crece en magnitud el número cuántico principal n, figura 2.

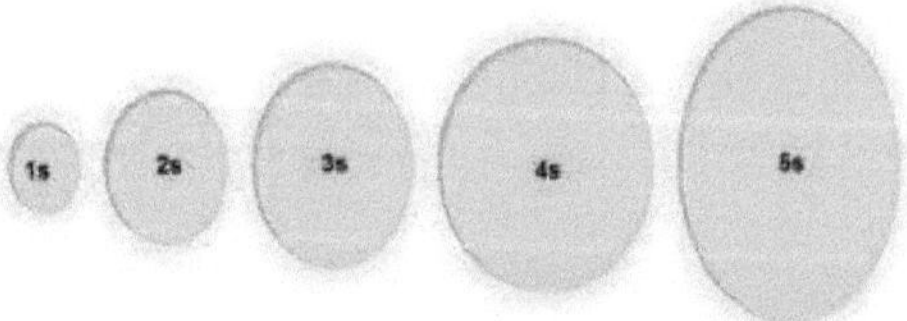

Figura 2. Diagramas de contorno de superficie de los orbitales 1s, 2s y 3s del hidrógeno. Cada esfera contiene alrededor del 90% de la densidad electrónica total.

El orbital s, se presenta cuando el valor de los números cuánticos es: n = 0, ℓ = 0 y m_ℓ = 0; como m_ℓ tiene un valor, entonces el orbital s, solo se representa con una casilla (que representa los subniveles de energía) y el máximo de electrones que puede tener la casilla son dos electrones.

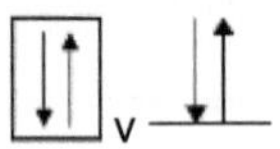

1.8.2 Orbital p.

El orbital p tiene la forma o la imagen de dos lóbulos orientados en sentido opuesto del eje de coordenadas cartesianas. El orbital p, se origina cuando los valores de los números cuánticos n = 2, $\ell = 1$ y $m_\ell = -1.\ 0, +1$; originando tres orbitales de tipo 2p, que son idénticos en tamaño, forma y energía. Figura 3.

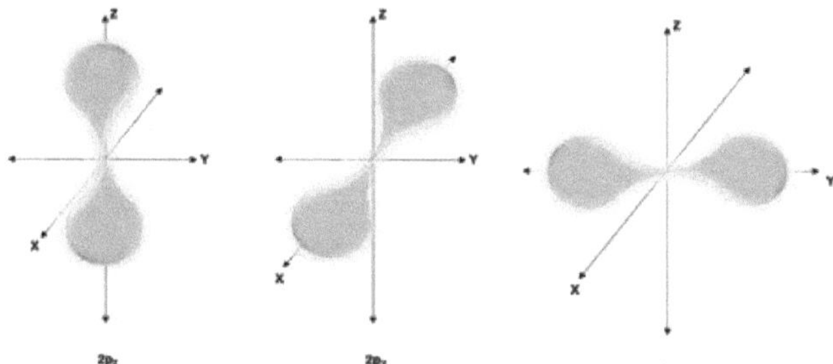

Figura 3. Diagrama de contorno de superficie de los tres orbitales 2p.

1.8.3 Orbital d.

Los orbitales d, se originan o se presentan cundo el valor de los números cuánticos son: n = 3, $\ell = 2$ y $m\ell = -2, -1, 0, 1, 2$; en donde se establecen cinco orbitales d, de acuerdo a los valores de m_ℓ.

Las formas o imágenes de los orbitales d, tiene formas similares. Figura 4.

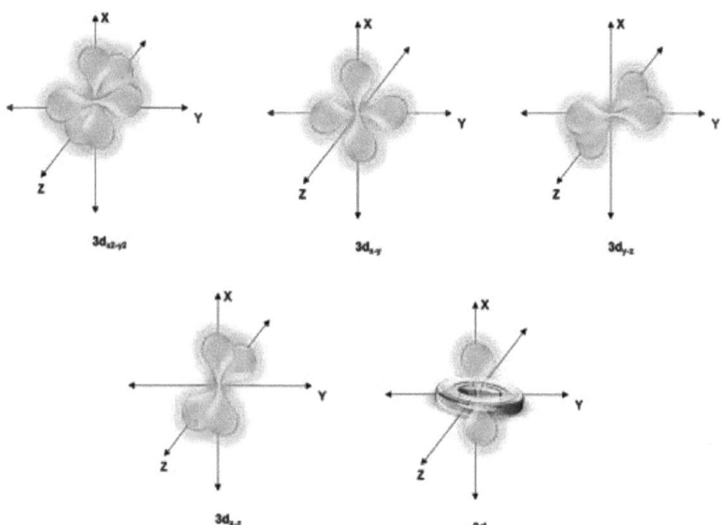

Figura 4. Diagrama de contorno de superficie de los orbitales 3d.

1.8.4 Orbitales f.

Los orbitales f de mayor energía que los orbitales d, se originan con los valores de los números cuánticos de n = 4, $\ell = 3$ y $m_\ell = -3, -2, -1, 0, 1, 2, 3$.

Los orbitales f son importantes para explicar el compartimiento de los elementos con número atómico mayor de 57, aunque es difícil representar su forma, se tiene al menos una idea de cuál es su forma en el espacio, figura 5.

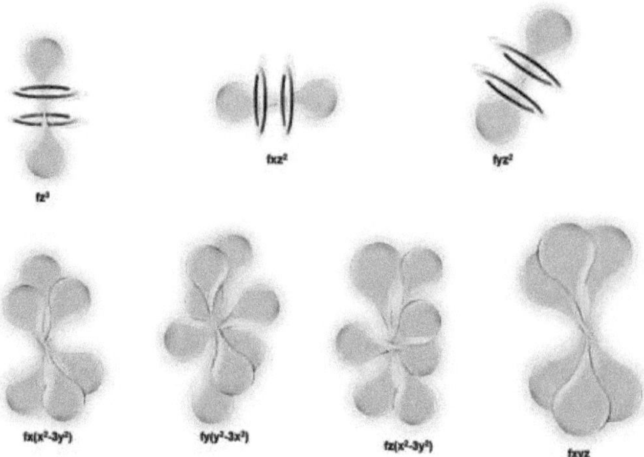

Figura 5. Diagrama de contorno de superficie de los orbitales f.

1.9 Energía de los orbitales.

La energía de un electrón localizado en un nivel energético del átomo, está en función del número cuántico principal (n) y con el incremento del número cuántico principal, las energías de los orbitales atómicos del átomo también aumentan.

El orbital de menor energía es el 1s y el orbital de mayor energía es el 7s, por lo tanto, el aumento de energía en los orbitales atómicos va de izquierda a derecha, de acuerdo la siguiente posición de los orbitales.

$$1s < 2s \equiv 2p < 3s \equiv 3p \equiv 3d < 4s \equiv 4p \equiv 4f < \ldots..$$

El orbital 1s de un átomo corresponde a la condición más estable y comúnmente se le conoce con el nombre de estado basal o fundamental.

Los electrones que se encuentren en los estados energéticos superiores o de mayor energía como el 2s, 2p, etc., se le conoce como estado excitado.

Para los átomos polieletrónicos el diagrama de los orbitales energéticos depende del número cuántico de momento angular y del número cuántico principal, como se muestra en la figura 6.

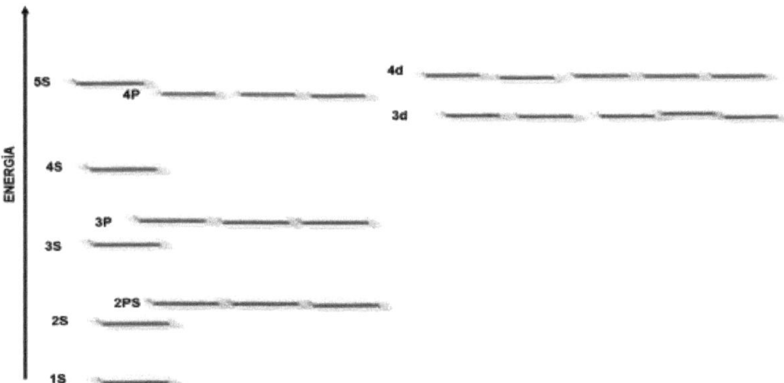

Figura 6. Orbitales de energía en un átomo polielectrónico

La energía total de un átomo, depende de las energías de los orbitales y de la energía de repulsión entre los electrones de estos orbitales; por lo tanto, la energía total de un átomo es menor cuando se llena el subnivel 4s antes que el 3d.

La cantidad máxima de electrones que pueden tener los orbitales atómicos se expresa en la tabla 3.

Tabla 3. Cantidad máxima de casillas y electrones en una casilla.

Orbital	No. de Casillas	No. de ē máximos en la casilla
s	1	2
p	3	6
d	5	10
f	7	14
g	9	18
h	11	22

1.9.1 Configuraciones electrónicas.

La representación esquemática del llenado de electrones en los orbitales de acuerdo a los principios de aufbau, es de acuerdo a la magnitud energética que cada orbital representa, La representación esquemática de la configuración electrónica de un átomo, se le conoce como configuraciones electrónicas o diagrama de Moeller.

La configuración electrónica para los primeros 20 elementos de la tabla periódica de Mendeleiev o para átomos con número atómico menor o igual a 20 ($Z = \leq 20$), obedece el llenado de los orbitales en el orden que marca la figura 7.

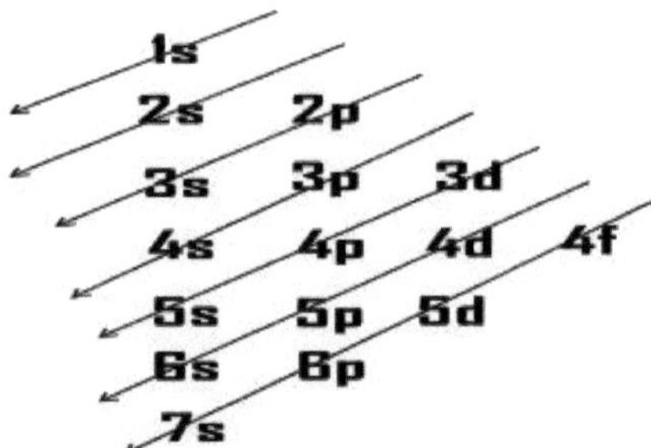

Figura 7. Orden de los subniveles atómicos para el llenado de átomos polielectrónicos.

2.0 Proceso de Aufbau.

El proceso de Aufbau, se basa en tres principios importantes, que determinan el llenado de los orbitales atómicos con electrones, de una manera adecuada y respetando a tres principios fundamentales.

1. Los electrones entrarán primero al subnivel de menor energía, (1s). Las energías relativas de los subniveles, de acuerdo con el aumento de energía, presentan el siguiente orden:

1s < 2s < 2p < 3s < 3p < 4s < 3d < 4p <5s < 4d < 5p < 6s < 4f < 5d < 6p < 7s.

Este orden de energías relativas pertenece exclusivamente a los elementos de números atómicos bajos (Z = 20). Al aumentar en número atómico, varían ligeramente las energías relativas de muchos de los niveles energéticos, principalmente la energía de los orbitales d y f.

2. **Principio de exclusión de Pauli**, restringe la cantidad de electrones dentro de un subnivel. Establece que dos electrones de un átomo dado no pueden tener los mismos cuatro números cuánticos, n, ℓ, $m\ell$ y m_s. También prohíbe la presencia de más de dos electrones en un orbital (subnivel con el mismo valor de n, ℓ, $m\ell$ y m_s). Establece el requisito de que el spin corresponden entre sí; es decir, $m_s = +½$ y $m_s = -½$ para los dos electrones.

Con el principio de exclusión de Pauli se puede calcular, el número máximo de electrones en cada nivel principal. Puesto que hay $(2\ell + 1)$ valores posibles de $m\ell$ y cada uno de ellos tiene dos spines posibles; es decir, existe un total de $2(2\ell + 1)$ electrones posibles. Cada uno de dichos electrones puede tener ℓ valores de cero a (n – 1), de modo que el número total de electrones que es capaz de contener cada orbital es:

$$\sum_{\ell=0}^{n-1} = 2\,(2\ell + 1) = 2n^2.$$

3. **Regla de Hund de multiplicidad máxima**, se aplica cuando se debe decidir cómo llenar subniveles degenerados. Establece que cuando hay electrones que entran a un nivel de valores n y ℓ fijos, cada uno de ellos ocupa uno de los orbitales disponibles; en tanto no se ocupan en esa forma todos los orbitales, no se produce el apareamiento de electrones.

Ejemplos:

1. Establecer la configuración electrónica de un elemento que presente un número atómico igual a 13.

Datos:
$Z = 13 \Rightarrow {}^{Z}X = {}^{13}X$

El elemento con número atómico (Z) igual a 13 es el aluminio, por lo tanto, la configuración electrónica normal del aluminio es:

$${}^{13}Al\text{: } 1s^2\ 2s^2\ 2p^6\ 3s^2\ 3p^1$$

La configuración electrónica correspondiente al gas noble es:

$${}^{13}Al\text{: } [Ne]\ 3s^2\ 3p^1$$

La representación esquemática de la configuración electrónica del aluminio en casillas es:

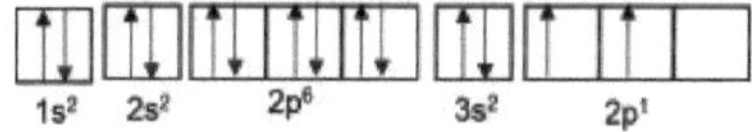

2. Establecer la configuración electrónica del cobre.

Datos:
$Z_{Cu} = 29$

$${}^{29}Cu\text{: } 1s^2\ 2s^2\ 2p^6\ 3s^2\ 3p^6\ 4s^2\ 3d^9$$

De acuerdo a los principios de aufbau, los orbitales d y f son de mayor energía y de mayor tamaño que los orbitales s (en base al número atómico principal). Por lo que los orbitales d y f desplazarán a los orbitales anteriores consecutivo a ellos; es decir, el orbital d, desplazara en posición al orbital s tomando su lugar, en la configuración electrónica.

Y de acuerdo al llenado del orbital d, en este ejemplo, el orbital d para que sea estable energéticamente hablando, le hace falta solo un electrón para completar totalmente sus casillas. Por lo que le pide un electrón al orbital 4s; de acuerdo a esto, la configuración electrónica más estable para el átomo de cobre es:

$${}^{29}Cu\text{: } 1s^2\ 2s^2\ 2p^6\ 3s^2\ 3p^6\ 3d^{10}\ 4s^1$$

La configuración electrónica correspondiente al gas noble, del cobre es:

$$^{13}Al: [Ar]\ 3d^{10}\ 4s^{1}$$

La representación esquemática de la configuración electrónica del cobre en casillas es:

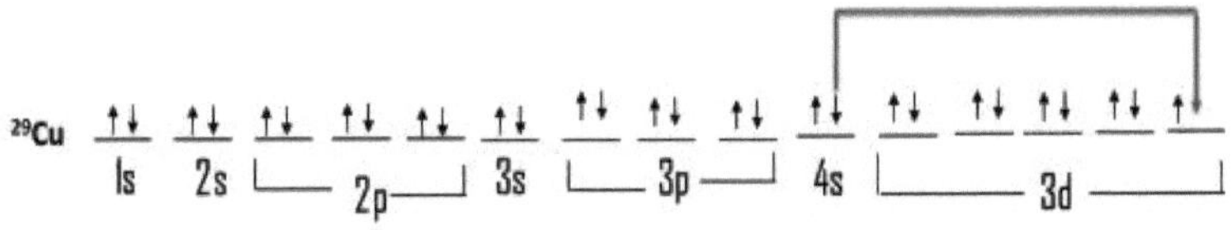

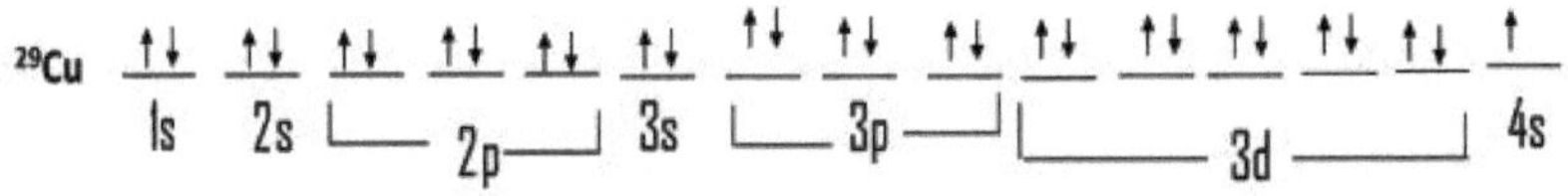

^{29}Cu ↑↓ ↑↓ ↑↓ ↑↓ ↑↓ ↑↓ ↑↓ ↑↓ ↑↓ ↑↓ ↑↓ ↑↓ ↑↓ ↑↓ ↑

1s 2s └── 2p ──┘ 3s └── 3p ──┘ 4s └──── 3d ────┘

^{29}Cu ↑↓ ↑↓ ↑↓ ↑↓ ↑↓ ↑↓ ↑↓ ↑↓ ↑↓ ↑↓ ↑↓ ↑↓ ↑↓ ↑↓ ↑

1s 2s └── 2p ──┘ 3s └── 3p ──┘└──── 3d ────┘ 4s

2. Se tiene un hilo de platino de 0.3 g
   a) Establecer la configuración electrónica del platino
   b) Representar de los 4 números cuánticos del último nivel energético del átomo de platino.
   c) Establecer las valencias más probables del platino.
   d) Establecer los estados de oxidación más probables del platino.
   e) Ubicar al platino en la tabla periódica de Mendeleiev.

Datos
$Z = 78 \Rightarrow {}^{78}Pt$

a) Configuración electrónica desarrollada del platino

   $^{78}Pt: 1s^{2}\ 2s^{2}p^{6}3s^{2}p^{6}d^{10}4s^{2}p^{6}\ d^{10}5s^{2}p^{6}4f^{14}d^{9}6s^{1}$

   Configuración electrónica del gas noble para del platino

   $^{78}Pt: [Xe]4f^{14}d^{9}6s^{1}$

b) El último nivel energético del platino es: $6s^{1}$, por lo tanto, los números cuánticos para el electrón ubicado en el orbital s del nivel 6 son:

   $n = 6;\ \ell = 0;\ m_{\ell} = 0 \wedge m_{s} = ½ \Rightarrow (6\ 0\ 0\ ½)$

c) La valencia más probable del platino es 2 y 4, de acuerdo a su configuración electrónica.

d) Como el platino es un metal, entonces presenta un estado de oxidación de: 2+ y 4+

e) De acuerdo a la configuración electrónica que presenta el platico, éste se ubica en el periodo (renglón) seis y en el bloque d, grupo 8 de la tabla periódica.

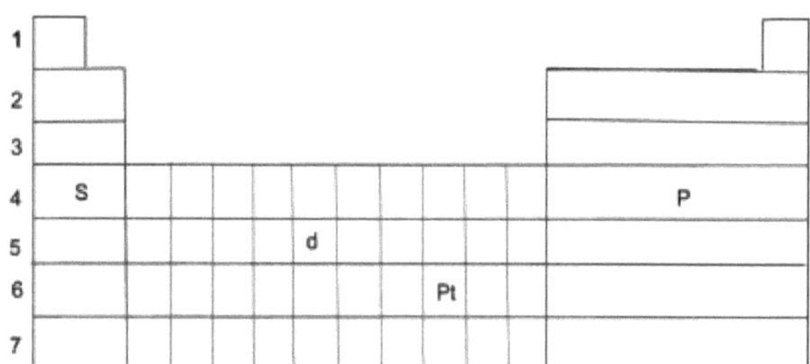

3. En un laboratorio se purifica un metal llamado cadmio. Realizar.
   a) Establecer la configuración electrónica desarrollada.
   b) Establecer la configuración electrónica del gas noble.
   c) Establecer la configuración electrónica representada en casillas.
   d) Establecer las valencias y los estados de oxidación más probables.
   e) Ubicar al elemento en la tabla periódica.
   f) Establecer los números cuánticos del último orbital energético.

a) $Z_{Cd} = 48$.

La configuración electrónica desarrollada para el cadmio es:

$$^{48}Cd: 1s^2 2s^2 p^6 3s^2 p^6 d^{10} 4s^2 p^6\, d^{10} 5s^2$$

b) La configuración electrónica del gas noble para para el cadmio e:

$$^{48}Cd: [Kr]4d^{10}5s^2$$

c) Configuración electrónica representada en casillas para el cadmio:

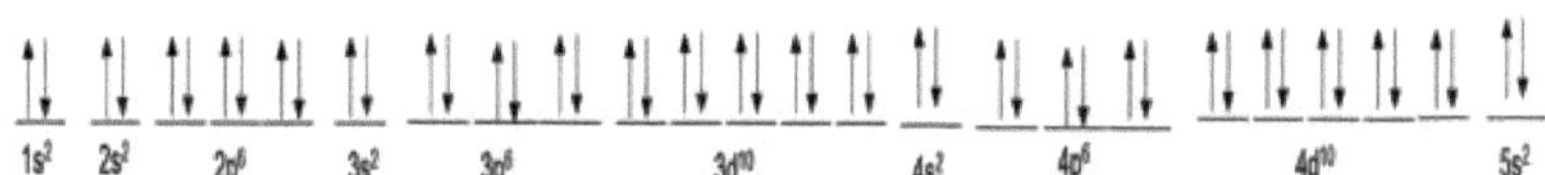

d) La valencia más probable para el cadmio es: 2
El estado de oxidación del cadmio es: 2+

e) El cadmio, su ubica en la tabla periódica en el periodo 5 y grupo IIB

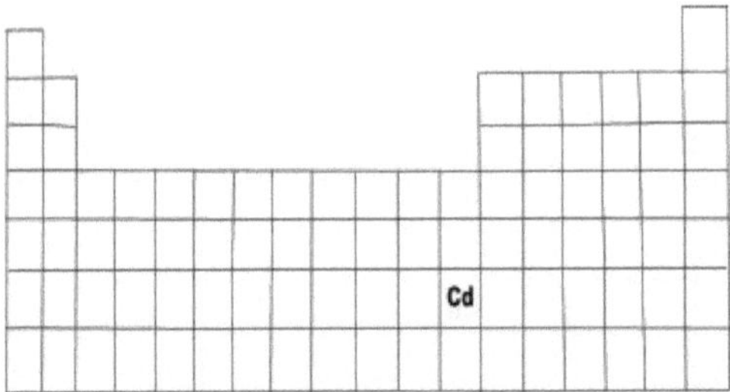

d) Los números cuánticos correspondientes a los dos electrones del último nivel energético del cadmio son:

(n ℓ $m\ell$ m_s)
(5 0 0 ½) ⇒ primer electrón
(5 0 0 -½) ⇒ segundo electrón

Ejercicios.

1. Un elemento neutro tiene 45 protones.
   a) Establecer la configuración electrónica desarrollada.
   b) Establecer la configuración electrónica del gas noble.
   c) Establecer la configuración electrónica representada en casillas.
   d) Establecer las valencias y los estados de oxidación más probables.
   e) Ubicar al elemento en la tabla periódica.
   f) Establecer os números cuánticos del último orbital energético.
2. Un átomo presenta cinco electrones.
   a) Establecer la configuración electrónica desarrollada.
   b) Establecer la configuración electrónica del gas noble.
   c) Establecer la configuración electrónica representada en casillas
   d) Establecer las valencias y los estados de oxidación más probables.
   e) Ubicar al elemento en la tabla periódica.
   f) Establecer os números cuánticos del último orbital energético

BIBLIOGRAFIA.

1. Fundamentos de la Química. Principios de Química Básica, José Albino Moreno Rodríguez, Lilián Aurora Moreno Rodríguez, Editorial Académica Española, 2012.
2. Nomenclatura de los compuestos químicos inorgánicos, José Albino Moreno Rodríguez, Lilián Aurora Moreno Rodríguez, Editorial Académica Española, 2016.
3. Química, Raymond Chang y Jason Overby Editorial McGraw-Hill; Edición 13, 2020.
4. Química, Rosa González, Pilar Montagut, Carmen Sansón y Roberto Salcedo, Grupo Editorial Patria; Edición 1st, 2011.
5. Principios de Química, los caminos del descubrimiento, Atkins Peter, Jones, Editorial Medica Panamericana, 2012.

EJERCICIOS GENERALES.

1. ¿Qué es un orbital atómico?
2. ¿Qué es un nivel de energía?
3. Desde el punto de vista cuántico, ¿las propiedades fisicoquímicas de los elementos, se describen por?
4. ¿Qué determina o describe el número cuántico principal?
5. ¿Qué determina o describe el número cuántico azimutal?
6. ¿Qué determina o describe el número cuántico magnético?
7. ¿Qué determina o describe el número cuántico del spin?
8. ¿Qué información se puede obtener a partir de los valores de los números cuánticos?
9. ¿Qué nos determina, la configuración electrónica de un elemento?
10. ¿Porque motivo se realizan las configuraciones electrónicas de los elementos?
11. ¿Qué información se puede obtener, a partir de la configuración electrónica de los elementos?
12. Un elemento presenta un número másico es 22 y con un número de neutrones igual a 12.
    a) Establecer la configuración electrónica desarrollada.
    b) Establecer la configuración electrónica del gas noble.
    c) Establecer la configuración electrónica representada en casillas
    d) Establecer las valencias y los estados de oxidación más probables.
    e) Ubicar al elemento en la tabla periódica.
    f) Establecer os números cuánticos del último orbital energético
13. Se tiene un elemento llamado iridio.
    a) Establecer la configuración electrónica desarrollada.
    b) Establecer la configuración electrónica del gas noble.
    c) Establecer la configuración electrónica representada en casillas
    d) Establecer las valencias y los estados de oxidación más probables.
    e) Ubicar al elemento en la tabla periódica.
    f) Establecer os números cuánticos del último orbital energético
14. Se tiene un elemento llamado polonio.
    a) Establecer la configuración electrónica desarrollada.
    b) Establecer la configuración electrónica del gas noble.
    c) Establecer la configuración electrónica representada en casillas
    d) Establecer las valencias y los estados de oxidación más probables.
    e) Ubicar al elemento en la tabla periódica.
    f) Establecer os números cuánticos del último orbital energético.

ÍNDICE. **Página.**

CAPÍTULO 2.

José Albino Moreno Rodríguez[1], José Genaro Carmona Gutiérrez[1], Alfonso Daniel Díaz Fonseca[1], Efraín Rubio Rosas[2], Lilián Aurora Moreno Rodríguez[3], Eduardo Alejandro Valdez Torija[3],

[1]Facultad de Ciencias Químicas, Av. San Manuel, Senda Química, C. U, 72570, [2]Centro Universitario de Vinculación y Transferencia de Tecnología, Prolongación de la 24 Sur y Av. San Claudio, C. U., Col. San Manuel, 72570, [3]Instituto de Física, Av. San Claudio y Blvd. 18 sur, Col. San Manuel, 72570. Benemérita Universidad Autónoma de Puebla

PERIODICIDAD

2.1 Propiedades periódicas de los elementos.

A partir de las configuraciones electrónicas de los elementos, se puede establecer y predecir algunas propiedades físicas y químicas de los elementos. Se observa que, con el aumento en el número atómico de cada elemento y pasando a cada periodo en la tabla periódica, las propiedades fisicoquímicas de los elementos se repiten o se observa una periodicidad; así también se observa que al avanzar en cada grupo de la tabla periódica; las propiedades fisicoquímicas de los elementos tienden a una periodicidad.

2.2 Origen de la Tabla Periódica. Clasificación de los elementos.

La primera clasificación de los elementos, se estableció de acuerdo a la reactividad o pasividad de los metales; es decir, se observó que algunos metales no presentaban cierta reactividad en una reacción química y los llamaron metales nobles (los más pasivo ante una reacción química) y aquellos metales que presentaban cierta reactividad en una reacción química, los llamaron metales bajos (elementos metálicos más activos en una reacción química).

Los metales que presentan ciertas propiedades pasivas son plata (Ag), oro (Au) y platino (Pt) y los metales con ciertas propiedades más reactivas son cobre (Cu), hierro (Fe), plomo (Pb), estaño (Sn) y mercurio (Hg).

Posteriormente, a partir de los conceptos de la teoría atómica de Dalton, Proust declaró que los pesos atómicos de todos los elementos eran múltiplos exactos del peso atómico de hidrógeno.

2.3 Clasificación de los elementos en triadas de Döbereiner.

Döbereiner, establece la existencia de triadas; es decir, elementos que químicamente se relacionan o que presentan ciertas propiedades de forma similar; es decir. un el elemento central que forma la triada presenta un peso atómico que es igual a la media aritmética de los pesos atómicos de los otros dos elementos.

Las triadas de Döbereiner incluían a los elementos: Li-Na-K, Ca-Sr-Ba, S-Se-Te y Cl-Br-I. En la figura 1 se muestras los elementos que forma triadas, con colores diferentes.

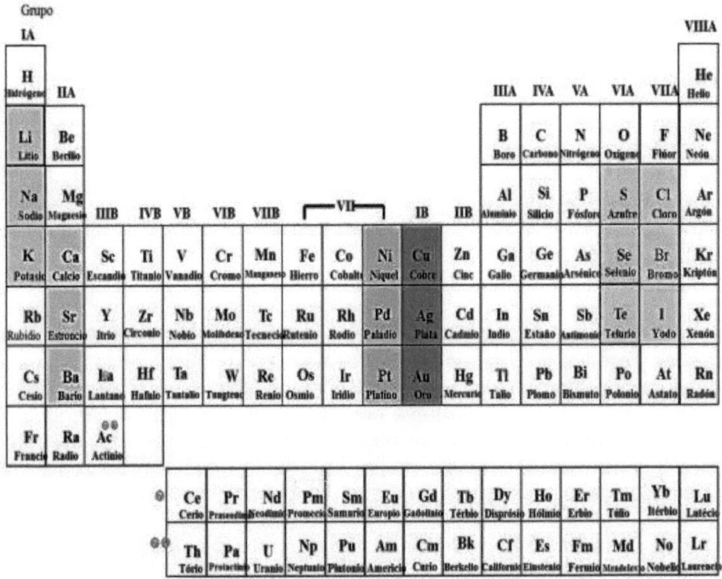

Figura 1. Algunas triadas de elementos de acuerdo a Döbereiner. Representados en colores.

2.4 Clasificación de los elementos de acuerdo al peso atómico.

Newland, clasifica a los elementos respecto al peso atómico. Concluyo que ocho elementos retirados de un elemento tenían propiedades físicas y químicas similares: como Li-Be-B-C-N-O-F-Ne $\wedge$ Na-Mg-Al-Si-P-S-Cl-Ar.

Mendeleiev y Meyer clasificaron a los elementos respecto al peso atómico. La diferencia entre las tablas de los elementos de Meyer y de Mendeleiev, consiste en las propiedades físicas (tabla de Meyer) y propiedades químicas (tabla de Mendeleiev).

El aporte de Mendeleiev, es la predicción de las propiedades de elementos que aún no se descubrían por la posición de los lugares que quedaban vacantes en dicha clasificación, tabla 1.

Tabla 1. Primera tabla periódica de Mendeleiev (1869)

I	II	III	IV	V	VI
			Ti = 50	Zr = 90	? = 180
			V = 51	Nb = 94	Ta = 182
			Cr = 52	Mo = 96	W = 186
			Mn = 55	Rh = 104.4	Pt = 197.4
			Fe = 56	Ru = 104.4	Ir = 198

			Ni = Co = 59	Pd = 106.6	Os = 199
H = 1			Cu = 63.4	Ag = 108	Hg = 200
	Be = 9.4	Mg = 24	Zn = 65.4	Cd = 112	
	B = 11	Al = 27.4	? = 68	Ur = 116	Au = 197?
	C = 12	Si = 28	? = 70	Sn = 118	
	N = 14	P = 31	As = 75	Sb = 122	Bi = 210
	O = 16	S = 32	Se = 79.4	Te = 128?	.
	F = 19	Cl = 35.5	Br = 80	J = 127	
Li = 7	Na = 23	K = 39	Rb = 85.4	Cs = 133	Tl = 204
		Ca = 40	Sr = 87.6	Ba = 137	Pb = 207
		? = 45	Ce = 92		
		?Er = 56	La = 94		
		?Yt = 60	Di = 95		
		?In = 75.6	Th = 118?		

Del modelo atómico de Bohr, se puede establecer las primeras clasificaciones de los elementos en un sentido cuántico.

2.5 Clasificación de los elementos de acuerdo a las propiedades cuánticas.

La tabla periódica cuántica de los elementos, se establece que los elementos respecto a los números cuánticos, están clasificados en 4 bloques según la posición de la electrondiferencial.

Se llama electrón diferenciador al último electrón que se coloca en la secuencia de la configuración electrónica; el electrón diferenciador puede ser identificado por sus cuatro números cuánticos; es decir, basado en la periodicidad de sus propiedades químicas, como consecuencia y función de la distribución electrónica obtenida de los valores de los números cuánticos.

En la tabla periódica clásica y en la tabla cuántica los elementos están agrupados en periodos y familias. La información del electrón diferenciador nos proporciona el número atómico del elemento y con los números cuánticos de cada electrón, los cuatro bloques en que se clasifica la tabla periódica están designados por las letras latinas: s, p, d y f.

La tabla cuántica tiene ocho periodos ubicados horizontalmente y señalados en la parte izquierda. Estos son el resultado de la suma de los valores de $n + \ell$ que presentan los elementos.

Por ejemplo, en la tabla cuántica de los elementos, el átomo de galio está ubicado en el periodo 5, mostrado a la izquierda del elemento en línea recta horizontal, que corresponde a la suma de los valores de $n + \ell$ que tiene el galio. El valor de n para el galio se obtiene subiendo en diagonal hacia la derecha y es 4, y el valor de ℓ se ubica en la parte superior de la tabla y es 1 ($n + \ell = 4 + 1 = 5$), que corresponde al número de periodo en el que está ubicado el elemento.

La tabla cuántica de los elementos presenta 32 familias y están ubicadas en columnas verticales. Los elementos que pertenecen a la misma familia presentan, para su electrón diferencial, valores iguales en los números cuánticos n, ℓ y s (localizados en la parte superior), siendo solo el valor de n el que varía de un elemento a otro.

Por ejemplo, se observa que todos los elementos de la tercera familia (B, Al, Ga, In, Ti), tienen n valor de ℓ = -1, mℓ = -1, 0, 1 y s = |; en cambio, el valor de n varía para cada elemento: B = 2, Al = 3, Ga = 4, In = 5, Tl = 6.

En la tabla cuántica también están clasificados los elementos por clases, que se indican en la parte inferior y son s, p, d y f y corresponden a los valores de ℓ.

Clase: s; cuando ℓ = 0

Clase: p; cuando ℓ = 1

Clase: d, cuando ℓ = 2

Clase: f; cuando ℓ = 3

Clase: g; cuando ℓ = 4

Y así sucesivamente.

Empleando la tabla cuántica, es muy fácil conocer de la configuración electrónica de los átomos, el último subnivel y los electrones que éste tiene; es decir. primero se localiza el elemento en la tabla y se busca su valor de n siguiendo los renglones en diagonal hacia la derecha, luego se encuentra la clase a la que pertenece, indicada en la parte inferior y, finalmente, en línea vertical hacia arriba, se encuentra el número de electrones.

Por lo tanto, la tabla periódica de la clasificación de los elementos (figura 3), se basa en el número atómico, puesto que es esta cantidad la que determina la configuración electrónica de un átomo y por consiguiente sus propiedades químicas.

La figura 2, muestra la tabla periódica cuántica de los elementos.

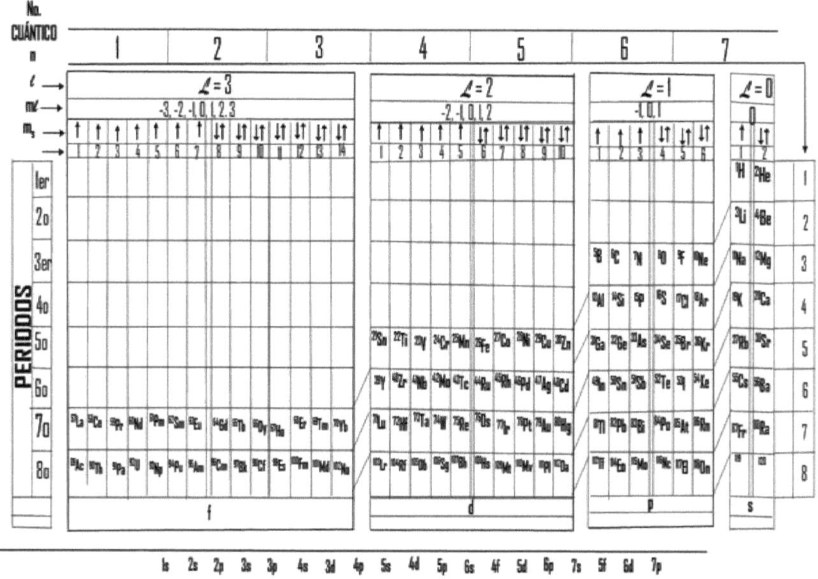

Figura 2. Tabla periódica cuántica de los elementos.

2.6 Tabla periódica moderna.

La tabla periódica se divide en grupos y período que siguen direcciones verticales y horizontales. Los elementos de un mismo grupo presentan igual disposición electrónica de la subcapa más externa y difieren sólo en que cada elemento sucesivo inferior tiene una capa principal adicional. Figura 3.

Por ejemplo, el escandio e itrio pertenecen al grupo IIIB y presentan la configuración electrónica externa de $3d^1$ $4s^2$ y $4d^1$ $5s^2$, respectivamente. Al ir de derecha a izquierda, cada periodo inicia un nuevo nivel principal, llenando el subnivel s, los subniveles internos d y f (si existen) y el subnivel p.

A lo largo del periodo 1, el orbital s se llena completamente.
A lo largo del periodo 2, los orbitales s y p, se llenan completamente.
A lo largo del periodo 3, los orbitales s y p se llenan completamente.
A lo largo del periodo 4, los orbital s, p y d, se llenan completamente.
A lo largo del periodo 5, los orbital s, p, d y f, se llenan completamente.
A lo largo del periodo 6, los orbitales s, p, d y f, se llenan completamente.

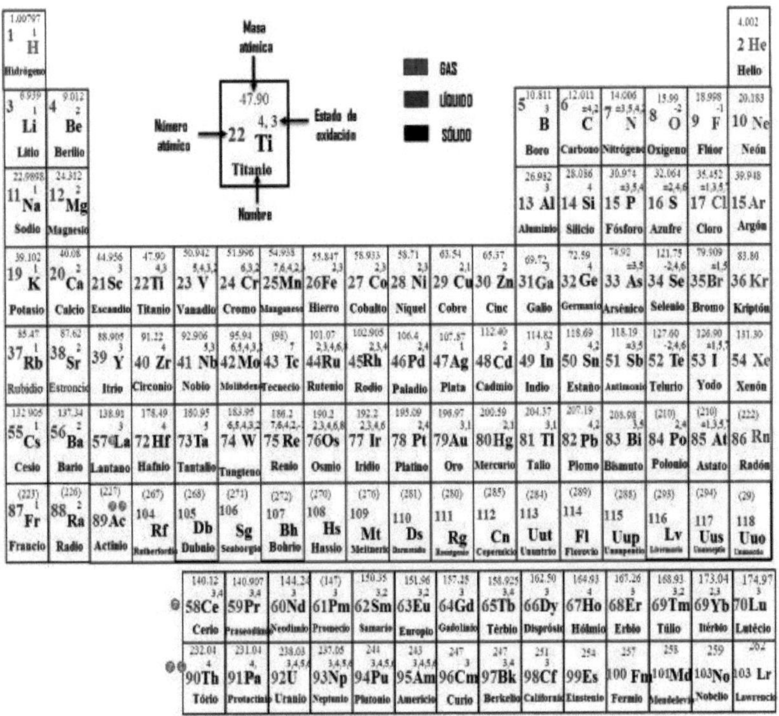

Figura 3. Tabla periódica cuántica de los elementos.

2.6.1 Subgrupos A y B de los elementos en la tabla periódica.

También los subgrupos se subdividen en A y B. El primero se compone de los elementos representativos, que presentan todos los niveles internos llenos y el nivel externo incompleto, se designan como ns^1, ns^2, hasta np^5. El segundo lo forman los metales de transición, los metales internos de transición, el grupo IB del cobre y el grupo IIB del zinc.

Los elementos de transición presentan los subniveles internos d parcialmente llenos y se designan como $(n-1)d^{1-9}\ ns^2$, aunque el subnivel ns puede contener uno o ningún electrón, por ejemplo: el Rh y Pt respectivamente.

No solamente los elementos de transición interna tienen los subniveles internos d parcialmente llenos, sino que lo mismo sucede con los subniveles internos f, estos elementos se representan por $(n-2)f^{1-13}\ (n-1)d^{1-9}\ ns^2$, con dos excepciones, La y Lu.

Los grupos IB y IIB se clasifican con los subgrupos B, más que con el subgrupo A, debido a que sus propiedades concuerdan mejor con los elementos metálicos de transición y de transición interna. Estas clasificaciones de los elementos se representan en la figura 4.

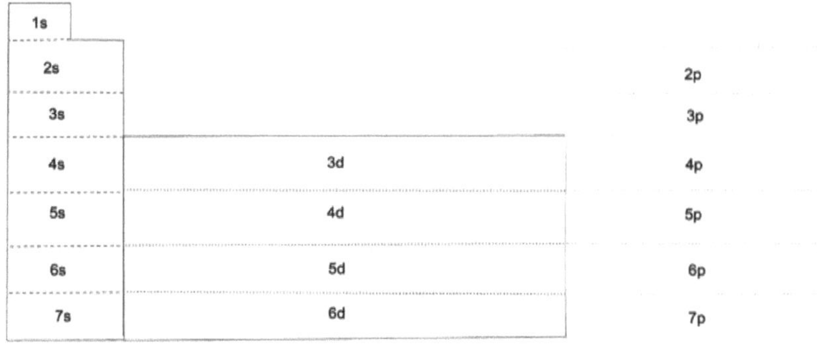

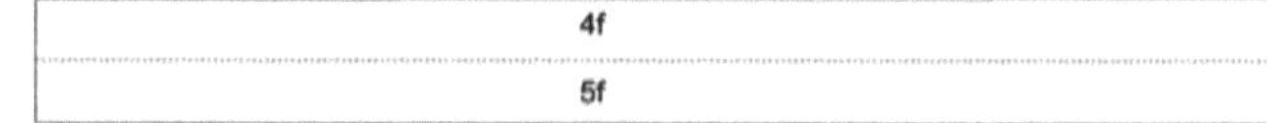

Figura 4. Clasificación de los elementos respecto a los orbitales atómicos en la tabla periódica.

Existen muchas tendencias en las propiedades químicas y físicas de los elementos, dentro de un periodo de la tabla periódica. Las densidades de los elementos alcanzan casi siempre un máximo en los miembros centrales del periodo. Los puntos de fusión de los elementos, dentro de un periodo, llegan a un mínimo con el gas raro (inerte) y a un máximo con el elemento del grupo IV, en el caso de los más ligeros y con el elemento del grupo VI, en el caso de los elementos más pesados.

Estas tendencias se deben a las variaciones en el agrupamiento de átomos para formar su estructura general. Las tendencias en las propiedades periódicas, tales como el volumen atómico y el potencial de ionización, se deben principalmente a la configuración electrónica de los niveles más externos.

2.7 Volumen atómico.

El volumen atómico se designa mediante la relación del peso atómico y la densidad del mismo; es decir, es el volumen que ocupan $6.023x10^{23}$ átomos (número de Avogadro).

La fórmula matemática número 1, permite calcular el volumen atómico de los elementos

$$V_{atómico} = \frac{A}{\rho}$$

Dónde:

A es el peso atómico del elemento.

ρ es la densidad del elemento en g/cm^3.

El volumen atómico aumenta con el número atómico en elementos del mismo grupo (por ejemplo, el volumen atómico del potasio es mayor que el del sodio, etc.).

En la figura 5, se observa que, dentro de un grupo, el volumen atómico aumenta al incrementase el número atómico, por el incremento de las capas principales con forme se desciende por un grupo.

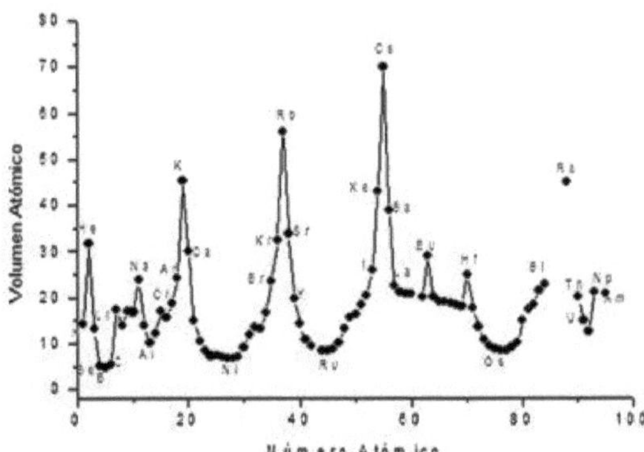

Figura 5. Tendencia periódica en el volumen atómico de los elementos.

Por lo general, los volúmenes atómicos de los elementos dentro de un periodo varían cíclicamente de un valor grande a otro pequeño y nuevamente a uno grande, con forme aumenta el número.

Cuando se incrementan electrones a una subcapa, se incrementa la cantidad de protones recíprocamente en el núcleo de un átomo, originando un aumento en las fuerzas de atracción entre dichas cargas, reduciendo la distancia entre los electrones y el núcleo.

En un periodo de la tabla periódica, al incrementarse el número atómico en la subcapa que se añaden más electrones y se incrementan las fuerzas de repulsión entre los electrones, debido a la gran cantidad de electrones en la subcapa, provocando una expansión del radio de la subcapa y se incrementa en el volumen atómico.

Los grupos con mayor volumen atómico son los metales del bloque s, después los no metales y finalmente los metales de transición. En un periodo disminuye hacia la derecha de la tabla periódica, salvo en los elementos cobre, zinc y galio donde el volumen aumenta y los volúmenes atómicos tienen una relación con la periodicidad química.

En resumen, el radio atómico en la tabla periódica, en un periodo aumenta en los primeros elementos y disminuye a la mitad de los elementos del bloque d y hacia la derecha aumenta. En un mismo grupo, el volumen atómico aumenta de arriba hacia abajo.

En la tabla 2, se presentan los valores de la densidad en g/cm^3 y la masa atómica en g/mol.

Tabla 2. Valores de densidad y masa atómica de los elementos.

Elemento	Símbolo	Densidad (g/cm^3)	Masa atómica
Hidrógeno	H	0.09	1.0079
Helio	He	0.18	4.00260
Litio	Li	0.53	6.941
Potasio	K	0.86	39.102
Neón	Ne	0.9	20.179
Sodio	Na	0.97	22.98977
Nitrógeno	N	1.25	14.0067
Oxígeno	O	1.43	15.9994
Calcio	Ca	1.55	40.08
Rubidio	Rb	1.63	85.4678
Flúor	F	1.7	18.9984
Magnesio	Mg	1.74	24.305
Argón	Ar	1.78	39.948
Fósforo	P	1.82	30.9737
Berilio	Be	1.85	9.0122
Cesio	Cs	1.87	132.9054
Azufre	S	2.07	32.06
Carbono	C	2.26	12.011
Sílice	Si	2.33	28.0855
Boro	B	2.34	10.81
Estroncio	Sr	2.54	87.62
Aluminio	Al	2.7	26.98154
Escandio	Sc	2.99	44.9559
Bromo	Br	3.12	79.904
Cloro	Cl	3.21	35.453
Bario	Ba	3.59	137.33
Kriptón	Kr	2.6	83.80
Itrio	Y	4.47	88.9059
Titanio	Ti	4.54	47.90
Selenio	Se	4.79	78.96
Iodo	I	4.93	126.9045
Europio	Eu	5.24	151.96
Germanio	Ge	5.32	72.59
Radio	Ra	5.5	226.0254
Arsénico	As	5.72	74.9216
Xenón	Xe	5.9	131.30
Galio	Ga	5.91	69.72

Vanadio	V	6.11	50.9415
Lantano	La	6.15	138.9055
Teluro	Te	6.24	127.60
Zirconio	Zr	6.51	91.22
Antimonio	Sb	6.68	121.75
Cerio	Ce	6.77	140.12
Praseodimio	Pr	6.77	140.9077
Iterbio	Yb	6.9	173.04
Neodimio	Nd	7.01	144.24
Zinc	Zn	7.13	65.38
Cromo	Cr	7.19	51.996
Promecio	Pm	7.3	145.00
Indio	In	7.31	114.82
Estaño	Sn	7.31	118.69
Manganeso	Mn	7.43	54.9380
Samario	Sm	7.52	150.4
Hierro	Fe	7.87	55.847
Gadolinio	Gd	7.9	157.25
Terbio	Tb	8.23	158.9254
Disprosio	Dy	8.55	162.50
Niobio	Nb	8.57	92.90638
Cadmio	Cd	8.65	112.41
Holmio	Ho	8.8	164.93032
Cobalto	Co	8.9	58.9332
Níquel	Ni	8.9	58.70
Cobre	Cu	8.96	63.546
Erbio	Er	9.07	167.259
Polonio	Po	9.3	209
Tulio	Tm	9.32	168.93421
Radón	Rn	9.73	222
Bismuto	Bi	9.75	208.980
Lutecio	Lu	9.84	174.967
Actinio	Ac	10.07	227
Molibdeno	Mo	10.22	95.94
Plata	Ag	10.5	107.8683
Plomo	Pb	11.35	207.19
Tecnecio	Tc	11.5	98.0
Torio	Th	11.72	232.0381
Talio	Tl	11.85	204.3833
Paladio	Pd	12.02	106.4
Rutenio	Ru	12.37	101.07
Rodio	Rh	12.41	102.90550
Hafnio	Hf	13.31	178.49
Curio	Cm	13.5	247
Mercurio	Hg	13.55	200.59

Americio	Am	13.67	243.0
Berkelio	Bk	14.78	247.0
Californio	Cf	15.1	251.0
Protactinio	Pa	15.4	231.03588
Tantalio	Ta	16.65	180.94788
Uranio	U	18.95	238.03
Oro	Au	19.32	196.96657
Wolframio	W	19.35	183.84
Plutonio	Pu	19.84	242.0
Neptunio	Np	20.2	237.0
Renio	Re	21.04	186.207
Platino	Pt	21.45	195.084
Iridio	Ir	22.4	192.2
Osmio	Os	22.6	190.23
Ástato	At		85.0
Francio	Fr	1.87	223.0
Einstenio	Es	$8.84x10^{-2}$	252.0
Fermio	Fm		257.0
Mendelevio	Md		258.0
Nobelio	No		259.0
Lawrencio	Lr		262.0
Rutherfordio	Rf		261.0
Dubnio	Db		262.0
Seaborgio	Sg		266.0
Bohrio	Bh		264.0
Hassio	Hs		277.0
Meitnerio	Mt		268.0
Darmstadio	Ds		281.0
Ununio	Uuu		
Ununbio	Uub		277.0
Ununtrio	Uut		284.0
Ununquadio	Uuq		285.0
Ununpentio	Uup		288.0
Ununhexio	Uuh		293.0
Ununseptio	Uus		293.0
Ununoctio	Uuo		294.0

Ejemplos.

1. Comprobar la periodicidad del volumen atómico con los siguientes elementos

   a) Elementos el periodo 4: potasio, cobalto y bromo

b) Elementos del periodo 6: cesio, osmio y radón.

a) De acuerdo a la definición matemática del volumen atómico:

$$V_{atómicoK} = \frac{A_K}{\rho_k} = \frac{39.102\ g}{0.86\ g/cm^3} = 45.47\ cm^3$$

$$V_{atómicoCo} = \frac{A_{Co}}{\rho_{Co}} = \frac{58.993\ g}{8.9\ g/cm^3} = 6.63\ cm^3$$

$$V_{atómicoBr} = \frac{A_{Br}}{\rho_{Br}} = \frac{79.909\ g}{3.12\ g/cm^3} = 25.61\ cm^3$$

b)

$$V_{atómicoCs} = \frac{A_{cs}}{\rho_{Cs}} = \frac{132.905\ g/mol}{1.90 g/cm^3} = 69.95\ cm^3$$

$$V_{atómicoOs} = \frac{A_{Os}}{\rho_{Os}} = \frac{190.2\ g/mol}{22.6 g/cm^3} = 8.41\ cm^3$$

$$V_{atómicoRn} = \frac{A_{Rn}}{\rho_{Rn}} = \frac{222.0\ g/mol}{9.73 g/cm^3} = 22.82\ cm^3$$

2.8 Radio atómico.

El radio atómico de un elemento es considerado como la mitad de la distancia entre los centros de dos átomos vecinos en estado metálico; sin embargo, el tamaño de un átomo no es invariable, depende del entorno inmediato en el que se encuentre y de su interacción con los átomos vecinos; es decir, del enlace químico que se origine en dicha unión entre los átomos.

Estimar el tamaño de los átomos es muy complicado debido a la naturaleza difusa de la nube electrónica que rodea al núcleo y por todos los conceptos de tipos de fuerzas y energías que existen dentro de un átomo.

El tamaño o dimensiones de los átomos generalmente se realiza sobre muestras de elementos puros, no se realiza en átomos que se encuentran combinados químicamente. De acuerdo a esto, los resultados obtenidos son considerados como el tamaño relativo de los átomos.

Los radios atómicos se indican a menudo en angstroms (Å = 10^{-10} m), nanómetros (nm = 10^{-9} m) y picómetros (pm =10^{-12} m).

En la tabla periódica se puede establecer la variación del radio atómico.

1. El radio atómico, aumenta hacia abajo en un grupo (en cada nuevo periodo los electrones más externos ocupan niveles que están más alejados del núcleo, los orbitales de mayor energía son cada vez más grandes y el efecto de apantallamiento hace que la carga efectiva aumente muy lentamente de un período a otro). Al ser mayor el nivel de energía, el radio atómico es mayor.

2. Disminuye a lo largo de un periodo (los nuevos electrones se encuentran en el mismo nivel del átomo y tan cerca del núcleo como los demás del mismo nivel. El aumento de la carga del núcleo atrae con más fuerza los electrones y el átomo es más compacto). El número másico (A) aumenta en una unidad al pasar de un elemento a otro; es decir, hay un aumento de carga nuclear por lo que los electrones son atraídos más fuertemente hacia el núcleo disminuyendo así el radio atómico

En el caso de los elementos de transición, las variaciones no son tan obvias ya que los electrones se añaden a una capa interior, pero todos ellos tienen radios atómicos inferiores a los de los elementos de los grupos precedentes IA y IIA.

Los volúmenes atómicos van disminuyendo hasta que llega un momento en el que hay tantos electrones en la nueva capa que los apantallamientos mutuos y las repulsiones se hacen importantes, observándose un crecimiento paulatino tras llegar a un mínimo.

El radio atómico puede ser covalente o metálico. La distancia entre núcleos de átomos "vecinos" en una molécula es la suma de sus radios covalentes, mientras que el radio metálico es la mitad de la distancia entre núcleos de átomos "vecinos" en cristales metálicos. Usualmente, por radio atómico se ha de entender radio covalente.

En la figura 6, se muestran los valores en Angstrom (Å) del radio atómico de los elementos, publicados por J. C. Slater, con una incertidumbre de 0.12 Å

AUMENTO EL RADIO ATÓMICO

AUMENTO EL RADIO ATÓMICO

H 0.25																	He
Li 1.45	Be 1.05											B 0.85	C 0.7	N 0.65	O 0.6	F 0.5	Ne
Na 1.8	Mg 1.5											Al 1.25	Si 1.1	P 1.0	S 1.0	Cl 1.0	Ar
K 2.2	Ca 1.8	Sc 1.6	Ti 1.4	V 1.35	Cr 1.4	Mn 1.4	Fe 1.4	Co 1.35	Ni 1.35	Cu 1.35	Zn 1.35	Ga 1.3	Ge 1.25	As 1.15	Se 1.15	Br 1.15	Kr
Rb 2.35	Sr 2.0	Y 1.8	Zr 1.55	Nb 1.45	Mo 1.45	Tc 1.35	Ru 1.3	Rh 1.35	Pd 1.4	Ag 1.6	Cd 1.55	In 1.55	Sn 1.55	Sb 1.45	Te 1.4	I 1.4	Xe
Cs 2.6	Ba 2.15		Hf 1.55	Ta 1.45	W 1.35	Re 1.35	Os 1.30	Ir 1.36	Pt 1.35	Au 1.35	Hg 1.5	Tl 1.9	Pb 1.8	Bi 1.6	Po 1.59	At 1.55	Rn
Fr	Ra 2.15		Rf	Db		Bh	Hs	Mt	Ds	Rg	Cn	Uut	Fl	Uup	Lv	Uus	Uuo

La 1.95	Ce 1.85	Pr 1.85	Nd 1.85	Pm 1.85	Sm 1.85	Eu 1.85	Gd 1.8	Tb 1.75	Dy 1.75	Ho 1.75	Er 1.75	Tm 1.75	Y 1.75	Lu 1.75
Ac 1.95	Th 1.8	Pa 1.8	U 1.75	Np 1.75	Pu 1.75	Am 1.75	Cm	Bk	Cf	Es	Fm	Md	No	Lr

Figura 6. Tendencia periódica en el radio atómico de los elementos.

Ejemplo.

1. Ordenar en forma creciente los elementos del cuarto periodo de la tabla periódica, de acuerdo al radio atómico: K, Ca, Sc, V, Br y Kr.

De acuerdo a la variación del radio atómico en la tabla periódica, el potasio es el elemento que presenta un mayor radio atómico y el elemento de menor radio atómico es el Kriptón.

$$Kr < Br < V < Sc < Ca < K$$

2. Ordenar de forma decreciente, respecto al radio atómico los elementos del grupo VA.

El radio atómico aumenta de arriba hacia abajo dentro de un grupo de la tabla periódica, por lo tanto:

$$N > P > As > Sb > Bi$$

3. De los siguientes elementos de la tabla periódica, cual presenta un mayor radio atómico y cual presenta un menor radio atómico: Li, Mo, Ag, I, F, Hg

El litio se ubica en el segundo periodo y grupo I.
El molibdeno se ubica en el quinto periodo y grupo VIB
La plata se ubica en el quinto periodo y grupo IB
El yodo se ubica en el quinto periodo y grupo VIIA
El flúor se ubica en el segundo periodo y grupo VIIA
El mercurio se ubica en el sexto periodo y grupo IIB

Por lo tanto; si se observa el periodo: I > Ag > Mo y F > Li y observando el grupo se tiene:

Hg > I > Ag > Mo > F > Li

2.8.1 Radio iónico.

El radio iónico tradicionalmente se define como el radio de un catión o de un anión. El radio iónico afecta las propiedades físicas y químicas de un compuesto iónico, por ejemplo, la estructura tridimensional de un compuesto iónico depende del tamaño relativo de sus cationes y aniones.

Cuando un átomo neutro se convierte en un ion, se espera un cambio en el tamaño. Si el átomo forma un anión, su tamaño (o radio) aumenta debido a que la carga nuclear efectiva permanece constante, pero la repulsión, originada por la adición de uno o más electrones, aumenta el dominio de la nube electrónica.

Al quitar uno o más electrones de un átomo se reduce la repulsión electrón-electrón, pero la carga nuclear permanece constante, con lo cual la nube electrónica se contrae y el catión es más pequeño que el átomo.

Entre el radio atómico y el radio iónico existe cierta relación al aumentar o disminuir en la tabla periódica de elementos; es decir, el radio iónico aumenta a medida que se avanza de arriba hacia abajo en un grupo.

Para iones de elementos de diferentes grupos, la comparación solo tiene significado si los iones son isoelectrónicos que son cationes más pequeños que los aniones, por ejemplo, el ion Na^+ es menor que el ion F^-, ambos iones presentan el mismo número de electrones, pero el sodio (Z = 11) tiene más protones que el F (Z = 9). La mayor carga efectiva del Na^+ da como resultado un menor radio.

Los cationes isoelectrónicos tripositivos presentan un menor radio iónico que los iones dipositivos y mucho menor que los monopositivos; es decir, $Al^{3+} < Mg^{2+} < Na^{1+}$, figura 14.

La figura 14, muestra de forma esquemática, el radio atómico respecto al radio iónico entre metales y cationes y entre no metales y aniones.

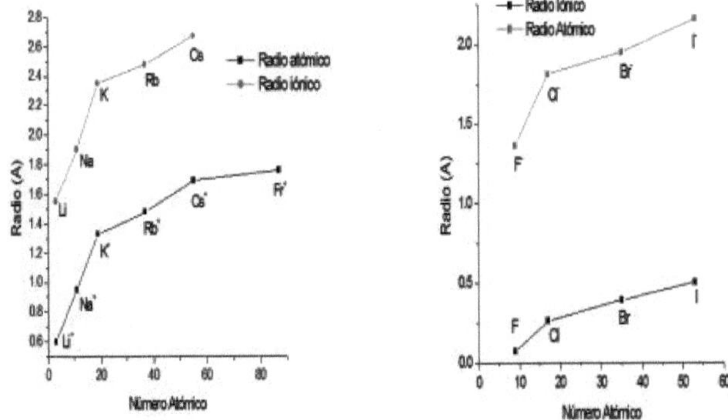

Figura 14. Comparación del radio atómico con el radio iónico.

En un mismo periodo se observa que el ion Al^{3+} tiene el mismo número de electrones que el Mg^{2+}, pero tiene un protón más. Así, la nube electrónica del Al^{3+} es atraída hacia el núcleo con más fuerza que en el caso del Mg^{2+}. El radio menor del Mg^{2+}, comparado con el radio iónico del Na^{+}, se explica de forma semejante.

Para los aniones isoelectrónicos el radio iónico aumenta de los iones mononegativos hacia los iones dinegativos y así sucesivamente. De esta manera el ion óxido es mayor que el ion fluoruro porque el oxígeno tiene un protón menos que el flúor; la nube electrónica se extiende más en el O^{2-}.

La figura 15, muestra de forma esquemática la variación del radia iónico en un periodo y en un grupo.

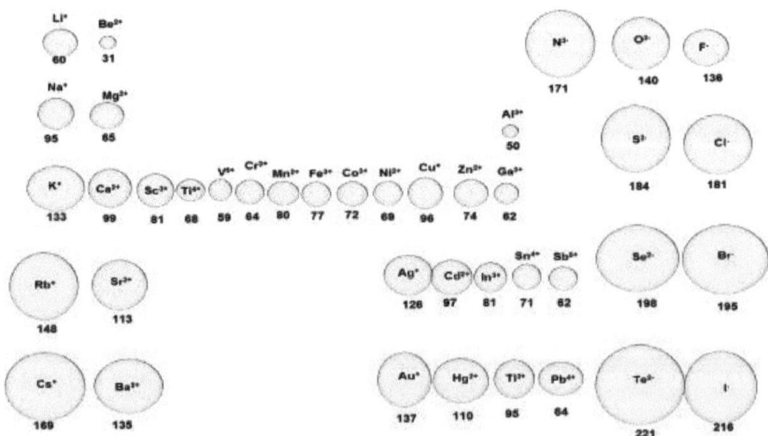

Figura 15. Radio iónico (en pm) de algunos elementos comunes, de acuerdo con la posición en la tabla periódica.

Metales alcalinos y cationes de los metales alcalinos (izquierda), halógenos e iones halogenuros (derecha).

Ejemplo.

1. Ordenar en forma decreciente los iones del cuarto periodo de la tabla periódica, de acuerdo al radio iónico: K^+, Ca^{2+}, Sc^{3+}, V^{3+} y Br^{1-}.

De acuerdo a la variación del radio iónico, se establece:

$$Br^{1-} > K^+ > Ca^{2+} > Sc^{3+} > V^{3+}$$

2. Ordenar de forma creciente, respecto al radio iónico los iones del grupo IIIA

El grupo IIIA de la tabla periódica está formado por los elementos B, Al, In y Tl; los iones de estos elementos presentan un estado de oxidación igual a 3+. (B^{3+}, Al^{3+}, In^{3+} y Tl^{3+})

$$Tl^{3+} < In^{3+} < Al^{3+} < B^{3+}$$

3. ¿Cuál de los siguientes iones presentan un mayor radio iónico?, O^{2-}, Cl^-, N^{3-}, I^- y S^{2-}

De acuerdo a la variación del radio iónico en la tabla periódica, se tiene:

Para un grupo: $I^- > Cl^-$ y $S^{2-} > O^{2-}$ y en un mismo periodo: $O^{2-} > N^{3+}$ y $Cl^- > S^{2-}$

Entonces se tiene: $I^- > Cl^- > S^{2-} > O^{2-} > N^{3-}$

2.9 Potencial atómico, potencial de ionización o energía de ionización.

El potencial atómico, es la energía que se debe proporcionar para expulsar al electrón más débilmente sujeto de un átomo gaseoso. El primer potencial de ionización se representa mediante la siguiente expresión:

Primer potencial: $A - \bar{e} \rightarrow A^{1+} \Rightarrow$ se le quita un electrón al átomo.
Segundo potencial: $A^{1+} - \bar{e} \rightarrow A^{2+} \Rightarrow$ se le quita 2 electrones al átomo.
Tercer potencial: $A^{2+} - \bar{e} \rightarrow A^{3+} \Rightarrow$ se le quita 3 electrones al átomo.

El valor del potencial de ionización se incrementa para un mismo elemento; es decir, a medida que se extraen o se le quita electrones al mismo elemento, se gastará más energía. Esto se debe a la carga nuclear efectiva; es decir, se hace mayor conforme el elemento se ioniza en un mayor grado y se requiere mayor energía para contrarrestar la fuerza coulombica.

El potencial de ionización determina o establece la "facilidad" con la que un átomo neutro se puede convertir en un ion positivo (catión).

En teoría, el proceso del potencial de ionización para un elemento se puede repetir infinidad de veces y la energía necesaria para llevar dicho proceso se denomina segundo potencial de ionización, tercer potencial de ionización y así sucesivamente.

La energía que habrá que suministrar al electrón para que pueda escapar del átomo tendrá que ver con la mayor o menor fuerza con la que es atraído por el núcleo y repelido por los otros electrones. La energía necesaria para arrancar electrones al elemento depende del número de protones (Z) y de la repulsión de los otros electores sobre el electrón que se va a arrancar del elemento (átomo).

De acuerdo a lo anterior, de arriba hacia bajo en un grupo el efecto pantalla aumenta y el potencial de ionización disminuye. Por el contrario, a lo largo del periodo, el efecto pantalla disminuye y el potencial de ionización aumenta; es decir, los elementos cuanto más a la izquierda y más abajo estén situados en la Tabla Periódica (los metales) mayor facilidad tendrán de formar iones positivos.

Cuando se quita un electrón de un átomo neutro disminuye la repulsión entre los electrones restantes y debido a que la carga nuclear permanece constante, se necesita más energía para quitar otro electrón del ion cargado positivamente, por lo que las energías de ionización siempre aumentan en el siguiente orden:

$$I_1 < I_2 < I_3 < \ldots$$

Dónde:

I es la simbología de los potenciales de ionización.

De forma general, la primera energía de ionización de un periodo aumenta a medida que aumenta el número atómico, debido al incremento de la carga nuclear efectiva de izquierda a derecha.

El valor del potencial viene expresado en electrón-voltios (eV), unidad de energía muy usada en física nuclear, $1eV=1.610^{-19}$ J.

Lo más destacado de las propiedades periódicas de los elementos se observa en el incremento de las energías de ionización cuando recorremos la tabla periódica de izquierda a derecha, lo que se traduce en un incremento asociado de la electronegatividad, contracción del tamaño atómico y aumento del número de electrones de la capa de valencia.

La causa de esto es que la carga nuclear efectiva se incrementa a lo largo de un periodo, generando, cada vez, más altas energías de ionización. Existen discontinuidades en esta variación gradual tanto en las tendencias horizontales como en las verticales, que se pueden razonar en función de las especificidades de las configuraciones electrónicas.

a) Los elementos alcalinos, grupo 1, son los que tienen menor energía de ionización en relación a los restantes de sus periodos, esto se debe a sus configuraciones electrónicas más externas ns^1, que facilitan la eliminación de ese electrón poco atraído por el núcleo, ya que las capas electrónicas inferiores a n ejercen su efecto pantalla entre el núcleo y el electrón considerado.

b) En los elementos alcalinotérreos, grupo IIA, convergen dos aspectos, carga nuclear efectiva mayor y configuración externa ns^2 de gran fortaleza cuántica, por lo que tienen mayores energías de ionización que sus antecesores.

c) Evidentemente, los elementos del grupo 18 de la tabla periódica, los gases nobles, son los que exhiben las mayores energías por sus configuraciones electrónicas de alta simetría cuántica.

d) Los elementos del grupo 17, los halógenos, siguen en comportamiento a los del grupo 18, porque tienen alta tendencia a captar electrones por su alta carga nuclear efectiva, en vez de cederlos, alcanzando así la estabilidad de los gases nobles.

En general, las energías de ionización descienden a lo largo de las columnas de la Tabla periódica y crecen de izquierda a derecha a lo largo de un período de la tabla. La energía de ionización muestra una fuerte anti-correlación con el radio atómico.

AUMENTO DEL POTENCIAL DE IONIZACIÓN

AUMENTO DEL POTENCIAL DE IONIZACIÓN

H 13.6																	He 24.59
Li 5.39	Be 9.32											B 8.3	C 11.26	N 14.53	O 13.62	F 17.42	Ne 21.56
Na 5.14	Mg 7.56											Al 5.99	Si 8.15	P 10.49	S 10.36	Cl 12.97	Ar 15.76
K 4.34	Ca 6.11	Sc 6.56	Ti 6.83	V 6.75	Cr 6.77	Mn 7.43	Fe 7.9	Co 7.88	Ni 7.64	Cu 7.73	Zn 9.39	Ga 6.0	Ge 7.9	As 9.79	Se 9.75	Br 11.81	Kr 14.0
Rb 4.18	Sr 5.69	Y 6.22	Zr 6.63	Nb 6.76	Mo 7.09	Tc 7.28	Ru 7.36	Rh 7.46	Pd 8.34	Ag 7.58	Cd 8.99	In 5.79	Sn 7.34	Sb 8.61	Te 9.01	I 10.45	Xe 12.13
Cs 3.89	Ba 5.21		Hf 6.83	Ta 7.55	W 7.86	Re 7.83	Os 8.44	Ir 8.97	Pt 8.96	Au 9.23	Hg 10.44	Tl 6.11	Pb 7.42	Bi 7.29	Po 8.41	At 9.32	Rn 10.75
Fr 4.07	Ra 5.28		Rf 6.0	Db	Sg	Bh	Hs	Mt	Ds	Rg	Cn	Uut	Fl	Uup	Lv	Uus	Uuo

La 5.58	Ce 5.54	Pr 5.47	Nd 5.53	Pm 5.58	Sm 5.64	Eu 5.67	Gd 6.15	Tb 5.86	Dy 5.94	Ho 6.02	Er 6.11	Tm 6.18	Yb 6.25	Lu 5.43
Ac 5.17	Th 6.31	Pa 5.89	U 6.19	Np 6.27	Pu 6.03	Am 5.97	Cm 5.99	Bk 6.2	Cf 6.28	Es 6.42	Fm 6.5	Md 6.58	No 6.65	Lr 4.9

La figura 16 muestra los valores de la primera energía de ionización de los elementos expresada en eV:

Cuanto más nos desplacemos hacia la derecha y hacia arriba en la tabla periódica, mayor es la energía de ionización. Figura 15.

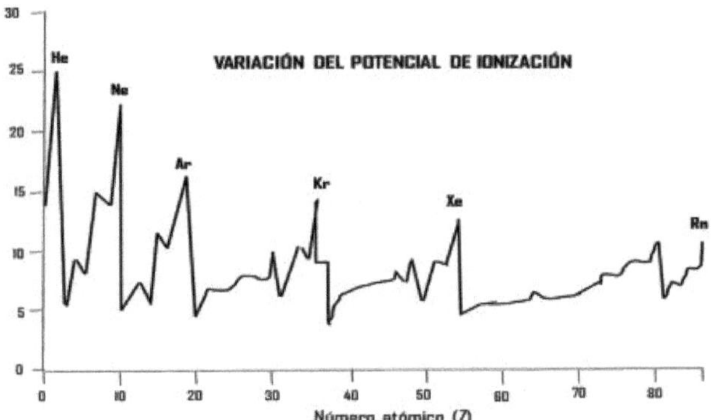

Figura 15. Variación de la energía de ionización.

Ejemplo.

1. Ordenar en forma decreciente los elementos del sexto periodo de la tabla periódica, de acuerdo al potencial de ionización: Ba, W, Pt, Pb y At.

De acuerdo a la variación del potencial de ionización:

$$At < Pb < Pt < W < Ba$$

2. Ordenar de forma creciente, respecto al potencial de ionización los elementos del grupo VIIIB

El grupo VIIIB de la tabla periódica está formado por los elementos Fe, Ru, y Os, entonces:

$$Fe > Ru > Os$$

3. ¿Cuál de los siguientes elementos presentan un mayor potencial de ionización?, Be, Cu, Pd, Sr, Au, Bi y Ra.

El potencial de ionización aumenta de abajo hacia arriba en el mismo grupo y de izquierda a derecha en el mismo periodo.

$$Ra > Au > Pd > Bi > Cu > Be > Sr$$

2.10 Electroafinidad o afinidad electrónica.

Es la capacidad que presentan los elementos para aceptar uno o más electrones; es decir, es el cambio de energía que ocurre cuando un átomo, en su estado gaseoso, acepta un electrón para formar un anión.

Matemáticamente, esta propiedad se representa:

$$X_g + \bar{e} \rightarrow X^-_g$$

El signo de la afinidad electrónica es contrario al que se utiliza para la energía de ionización; es decir, una energía de ionización positiva significa que se debe suministrar energía para quitar el electrón y un valor positivo para la afinidad electrónica significa que cuando se agrega un electrón a un átomo se libera energía. Por ejemplo:

Considerando a un átomo de flúor en estado gaseoso que acepta un electrón, tenemos:

$$F_g + \bar{e} \rightarrow F^-_g \Rightarrow \Delta H = -328 \text{ kJ/mol}$$

El signo del cambio de entalpía indica que es un proceso exotérmico; sin embargo, a la afinidad electrónica del flúor se le asigna un valor de +328 kJ/mol.

Por lo tanto, se considera que la afinidad electrónica como la energía que se debe suministrar para quitar un electrón de un átomo negativo.

$$F^-g \rightarrow Fg + \bar{e} \Rightarrow \Delta H = +328 \text{ kJ/mol}$$

El principio de mínima energía, cuanto mayor sea la energía desprendida, más estable será el producto (ion) formado. En definitiva, a mayor electroafinidad, mayor tendencia a formar iones negativos

2.10.1 Características de la afinidad electrónica (A. E).

1. La afinidad electrónica de un elemento es igual al cambio de entalpía que acompaña al proceso de ionización del ion.

2. Un valor grande positivo de afinidad electrónica significa que el ion negativo es muy estable; es decir, el átomo tiene una gran tendencia a aceptar un electrón. Al igual que una alta energía de ionización de un átomo significa que el átomo es muy estable.

La electroafinidad aumenta cuando el tamaño del átomo disminuye, el efecto pantalla no es potente o cuando crece el número atómico. Visto de otra manera: la electroafinidad aumenta de izquierda a derecha, y de abajo hacia arriba, al igual que lo hace la electronegatividad, Figura 16.

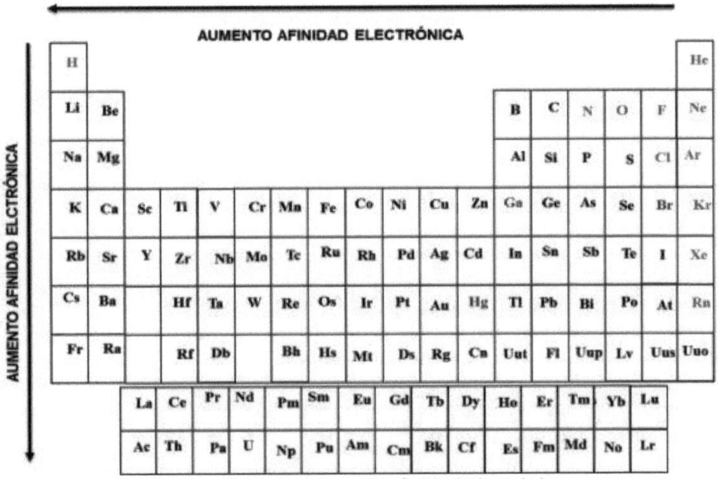

AUMENTO AFINIDAD ELECTRÓNICA

AUMENTO AFINIDAD ELCTRÓNICA

Figura 16. Variación de la afinidad electrónica.

Para comprender la variación en la Tabla Periódica, debemos hacer el razonamiento contrario al que hicimos en el caso del potencial de ionización, cuanto menor es el efecto pantalla, mayor será la repulsión sufrida por el nuevo electrón y viceversa. Por tanto, está claro que la electroafinidad disminuye al bajar en un grupo y aumenta a lo largo de un periodo.

Según esto, los elementos que presentan mayor tendencia a formar iones negativos estarán situados arriba y a la derecha de la Tabla Periódica.

El valor de la electroafinidad viene expresado en eV.

La afinidad electrónica de los metales por lo general es menor que las de los no metales.

La afinidad electrónica del oxígeno tiene un valor positivo (141 kJ/mol), lo que significa que el proceso es favorable (exotérmico) y mientras que para el ion O^- es altamente negativo (-780 kJ/mol), lo que significa que el proceso es endotérmico, aun cuando el ion O^{2-} es isoelectrónico del gas noble Ne.

$$O_g + \bar{e} \rightarrow O^-_g \;\Rightarrow\; \Delta H = -141 \text{ kJ}$$

$$O^-_g + \bar{e} \rightarrow O^{2-}{}_g \;\Rightarrow\; \Delta H = 780 \text{ kJ}$$

En los halógenos se presentan los valores más altos de la afinidad electrónica y cuando aceptan un electrón cada átomo de halógeno adquiere la configuración electrónica estable de un gas noble, por ejemplo:

La configuración electrónica del ion F^- es

$$F^-: 1s^2\,2s^2\,2p^6 \text{ o [Ne]},$$

Para el ion cloruro, Cl^- es:

$$Cl^-: [Ne]\ 3s^2 3p^6 \text{ o } [Ar].$$

Los elementos del bloque p y en concreto los del grupo 17, son los que tienen las mayores afinidades electrónicas, mientras que los átomos con configuraciones externas s^2 (Be, Mg, Zn), s^2p^6 (Ne, Ar, Kr) junto con los que tienen semilleno el conjunto de orbitales p (N, P, As) son los de más baja A. E.

Esto último demuestra la estabilidad cuántica de estas estructuras electrónicas que no admiten ser perturbadas de forma fácil. Los elementos que presentan mayores A. E. son el flúor y sus vecinos más próximos O, S, Se, Cl y Br; aumento destacado de la carga nuclear efectiva que se define en esta zona de la tabla periódica, salvo los gases nobles que tienen estructura electrónica cerrada de alta estabilidad y cada electrón que se les inserte debe ser colocado en una capa superior vacía.

Vamos a destacar algunos aspectos relacionados con la A.E. que se infieren por el puesto y zona del elemento en la tabla periódica:

a) Los elementos situados en la parte derecha de la tabla periódica, bloque p, son los de afinidades electrónicas favorables, manifestando su carácter claramente no metálico.

b) Las afinidades electrónicas más elevadas son para los elementos del grupo 17, seguidos por los del grupo 16.

c) Es sorprendente que el flúor tenga menor afinidad que el cloro, pero al colocar un electrón en el F, un átomo más pequeño que el Cl, se deben vencer fuerzas repulsivas entre los electrones de la capa de valencia. A partir del cloro la tendencia es la esperada en función de la mayor distancia de los electrones exteriores al núcleo.

d) El nitrógeno tiene una afinidad electrónica muy por debajo de sus elementos vecinos, tanto del periodo como de su grupo, lo que es debido a su capa de valencia semillena que es muy estable.

e) Los restantes elementos del grupo 15 sí presentan afinidades electrónicas más favorables, a pesar de la estabilidad de la capa semillena, porque el aumento del tamaño hace que esa capa exterior esté separada del núcleo por otras intermedias.

f) Hay que destacar también el papel del hidrógeno, ya que su afinidad no es muy alta, pero lo suficiente para generar el ion H^- que es muy estable en hidruros iónicos y especies complejas. Aquí también podemos aplicar el razonamiento análogo al del flúor, porque tenemos un átomo todavía más pequeño y queremos adicionarle un electrón venciendo las fuerzas repulsivas del electrón $1s^1$.

g) Con relación al bloque *d* hay que fijarse en el caso especial del oro pues su afinidad electrónica, -223 kJ·mol^{-1}, es comparable a la del yodo con – 295 kJ·mol^{-1}, con lo que es factible pensar en el anión Au^-. Se han logrado sintetizar compuestos iónicos de oro del tipo Rb-Au y Cs-Au, con la participación de los metales alcalinos más electropositivos. En ellos se alcanza la configuración tipo pseudogas noble del Hg (de $6s^1$ a $6s^2$) para el ion Au^- (contracción lantánida + contracción relativista máxima en el Au).

Ejemplo.

1. Ordenar en forma decreciente los elementos del tercer periodo de la tabla periódica, de acuerdo a la afinidad electrónica.

Los elementos del tercer periodo son: Na, Mg, Al, Si, P, S, Cl, y Ar

$\Rightarrow$ Ar > Cl > S > P > Si > Al > Mg >Na

2. Ordenar de forma creciente, respecto a la afinidad electrónica los elementos del grupo VIA

Elementos del grupo VIA: O, S, Se, Te y Po $\Rightarrow$ O < S < Se < Te < Po

3. ¿Cuál de los siguientes elementos presentan una mayor afinidad electrónica?, Cr, Zn, Na, Sn, Pb, Zr y P.

La afinidad electrónica aumenta de arriba hacia abajo en el mismo grupo y de derecha a izquierda en el mismo periodo.

Pb > Cr > Zn > Sn > Zr > Na > P

2.11 Electronegatividad.

La electronegatividad es una medida relativa de la tendencia de un átomo enlazado a atraer electrones. A mayor polaridad de enlace, mayor será la diferencia de electronegatividad entre los átomos que se enlazan; es decir, cuanto mayor sea la energía iónica de resonancia (el carácter iónico parcial de un enlace covalente), tanto mayor será la diferencia de electronegatividad entre los átomos enlazados.

Por ejemplo, la diferencia de electronegatividad entre el hidrógeno y el flúor es mayor que entre el hidrógeno y el cloro, puesto que el flúor es más electronegativo que el cloro.

Al descender por un grupo de la tabla periódica, disminuye la electronegatividad, debido a que las capas electrónicas subsecuentes reducen la carga nuclear efectiva.

En un periodo de izquierda a derecha, la electronegatividad aumenta, debido a que la carga nuclear efectiva se incrementa en este mismo orden.

La electronegatividad es una medida de la capacidad de un átomo (o de manera menos frecuente de un grupo funcional) para atraer a los electrones, cuando forma un enlace químico en una molécula.

También debemos considerar la distribución de densidad electrónica alrededor de un átomo determinado frente a otros distintos, tanto en una especie molecular como en sistemas o especies no moleculares. El flúor es el elemento con más electronegatividad, el Francio es el elemento con menos electronegatividad.

La electronegatividad de un átomo está en función de dos magnitudes: masa atómica y la distancia promedio de los electrones de valencia con respecto al núcleo atómico.

Esta propiedad se ha podido correlacionar con otras propiedades atómicas y moleculares. Fue Linus Pauling el investigador que propuso esta magnitud por primera vez en el año 1932, como un desarrollo más de su teoría del enlace de valencia.

La electronegatividad no se puede medir experimentalmente de manera directa como, por ejemplo, la energía de ionización, pero se puede determinar de manera indirecta efectuando cálculos a partir de otras propiedades atómicas o moleculares.

Se han propuesto distintos métodos para su determinación y aunque hay pequeñas diferencias entre los resultados obtenidos todos los métodos muestran la misma tendencia periódica entre los elementos.

El procedimiento de cálculo más común es el inicialmente propuesto por Pauling. El resultado obtenido mediante este procedimiento es un número adimensional que se incluye dentro de la escala de Pauling. Esta escala varía entre 0.7 para el elemento menos electronegativo y 4.0 para el mayor.

La electronegatividad no es estrictamente una propiedad atómica, pues se refiere a un átomo dentro de una molécula y, por tanto, puede variar ligeramente cuando varía el "entorno" de un mismo átomo en distintos enlaces de distintas moléculas. La propiedad equivalente de la electronegatividad para un átomo aislado sería la afinidad electrónica o electroafinidad.

Dos átomos con electronegatividades muy diferentes forman un enlace iónico. Pares de átomos con diferencias pequeñas de electronegatividad forman enlaces covalentes polares con la carga negativa en el átomo de mayor electronegatividad.

Los diferentes valores de electronegatividad se clasifican según diferentes escalas, entre ellas la escala de Pauling anteriormente aludida y la escala de Mulliken.

En general, los diferentes valores de electronegatividad de los átomos determinan el tipo de enlace que se formará en la molécula que los combina.

Así, según la diferencia entre las electronegatividades de éstos se puede determinar (convencionalmente) si el enlace será, según la escala de Linus Pauling:

a) Covalente no polar: su escala de medición es de $0.0 \leq \Delta\chi \leq 0.6$

b) Covalente polar: su escala de medición es de $0.6 \leq \Delta\chi \leq 1.7$

c) Iónico: Su escala de medición es de $\Delta\chi > 1.8$ en adelante.

Cuanto más pequeño es el radio atómico, mayor es la energía de ionización y mayor la electronegatividad y viceversa, la electronegatividad es la tendencia o capacidad de un átomo, en una molécula, para atraer hacia sí los electrones. Ni las definiciones cuantitativas ni las escalas de electronegatividad se basan en la distribución electrónica, sino en propiedades que se supone reflejan la electronegatividad.

La electronegatividad de un elemento depende de su estado de oxidación y, por lo tanto, no es una propiedad atómica invariable.

Esto significa que un mismo elemento puede presentar distintas electronegatividades dependiendo del tipo de molécula en la que se encuentre, por ejemplo, la capacidad para atraer los electrones de un orbital híbrido sp_n en un átomo de carbono enlazado con un átomo de hidrógeno, aumenta en consonancia con el porcentaje de carácter s en el orbital, según la serie etano < etileno (eteno) < acetileno (etino).

La escala de Pauling se basa en la diferencia entre la energía del enlace A–B en el compuesto AB_n y la media de las energías de los enlaces homopolares A–A y B–B.

El flúor es el elemento más electronegativo de la tabla periódica, mientras que el Francio es el elemento menos electronegativo de la tabla periódica. Es muy importante saber que los valores de la electronegatividad van de abajo hacia arriba y de izquierda a derecha.

R. S. Mulliken propuso que la electronegatividad de un elemento puede determinarse promediando la energía de ionización de sus electrones de valencia y la afinidad electrónica.

Esta aproximación concuerda con la definición original de Pauling y da electronegatividades de orbitales y no electronegatividades atómicas invariables. La escala Mulliken (también llamada escala Mulliken-Jaffe) es una escala para la electronegatividad de los elementos químicos, desarrollada por Robert S. Mulliken en 1934.

Dicha escala se basa en la electronegatividad Mulliken (c_M) que promedia la afinidad electrónica A. E. (magnitud que puede relacionarse con la tendencia de un átomo a adquirir carga negativa) y los potenciales de ionización de sus electrones de valencia P. I. o E. I. (magnitud asociada con la facilidad, o tendencia, de un átomo a adquirir carga positiva). Las unidades empleadas son el kJ/mol:

$$C_M = K \frac{AE + PI}{2}$$

La figura 17, muestra algunos valores de la electronegatividad para elementos representativos en la escala Mulliken:

AUMENTO ELECTRONEGATIVIDAD

AUMENTO ELECTRONEGATIVIDAD

H 2.20																	He
Li 0.98	Be 1.57											B 2.04	C 2.55	N 3.04	O 3.44	F 3.98	Ne
Na 0.93	Mg 1.31											Al 1.61	Si 1.90	P 2.19	S 2.57	Cl 3.16	Ar
K 0.82	Ca 1.0	Sc 1.36	Ti 1.54	V 1.63	Cr 1.66	Mn 1.55	Fe 1.83	Co 1.88	Ni 1.91	Cu 1.90	Zn 1.65	Ga 1.81	Ge 2.01	As 2.18	Se 2.55	Br 2.96	Kr 3.0
Rb 0.82	Sr 0.95	Y 1.22	Zr 1.33	Nb 1.6	Mo 2.16	Tc 1.9	Ru 1.22	Rh 1.28	Pd 1.20	Ag 1.93	Cd 1.69	In 1.78	Sn 1.8	Sb 1.05	Te 2.1	I 2.66	Xe 2.6
Cs 0.79	Ba 0.89		Hf 1.3	Ta 1.5	W 2.63	Re 1.9	Os 1.2	Ir 1.2	Pt 1.28	Au 2.54	Hg 2.0	Tl 1.62	Pb 2.33	Bi 2.02	Po 2.1	At 2.2	Rn 2.2
Fr 0.70	Ra 0.9		Rf	Db		Bh	Hs	Mt	Ds	Rg	Cn	Uut	Fl	Uup	Lv	Uus	Uuo
		La 1.1	Ce 1.12	Pr 1.13	Nd 1.14	Pm 1.13	Sm 1.17	Eu 1.2	Gd 1.2	Tb 1.1	Dy 1.22	Ho 1.23	Er 1.24	Tm 1.25	Yb 1.1	Lu 1.27	
		Ac 1.1	Th 1.3	Pa 1.5	U 1.38	Np 1.36	Pu 1.28	Am 1.13	Cm 1.28	Bk 1.3	Cf 1.3	Es 1.3	Fm 1.3	Md 1.3	No 1.3	Lr 1.3	

Figura 17. Valores de la electronegatividad para elementos representativos en la escala Mulliken

2.11.1 Grupo electronegativo.

En química orgánica, la electronegatividad se asocia más con diferentes grupos funcionales que con átomos individuales. Los términos grupo electronegativo y sustituyente electronegativo se pueden considerar términos sinónimos. Es bastante corriente distinguir entre efecto inductivo y resonancia, efectos que se podrían describir en términos de electronegatividades σ y π, respectivamente. También hay un número de relaciones lineales con la energía libre que se han usado para cuantificar estos efectos, como la ecuación de Hammet, que es la más conocida.

2.11.2 Escala de Pauling.

La escala de Pauling es una clasificación de la electronegatividad de los átomos. En ella el índice del elemento más electronegativo, el flúor, es 4.0. El valor correspondiente al menos electronegativo, el francio, es 0.7. A los demás átomos se les han asignado valores intermedios.

Se deduce que a partir de la diferencia de electronegatividad que presentan los elementos en un enlace químico y de acuerdo a la escala de Pauling, se establece el tipo de enlace químico de los átomos.

$0 < \Delta\chi \leq 0.4 \Rightarrow$ enlace covalente no polar.
$0.4 < \Delta\chi \leq 1.7 \Rightarrow$ enlace covalente polar
$1.7 < \Delta\chi \leq 2.0 \Rightarrow$ enlace iónico.

Globalmente puede decirse que en la tabla periódica de los elementos la electronegatividad aumenta de izquierda a derecha y que decae hacia abajo. De esta manera los elementos de fuerte electronegatividad están en la esquina superior derecha de la tabla. Figura 18.

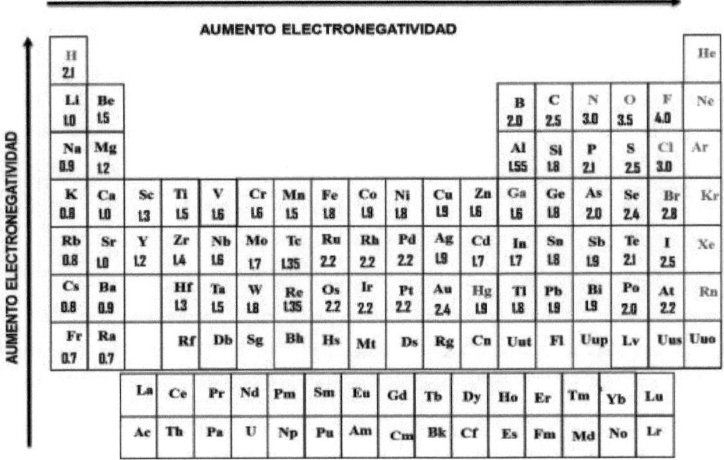

Figura 18. Tabla periódica de la electronegatividad usando la escala de Pauling.

Ejemplo.

1. Ordenar en forma decreciente los elementos del sexto periodo de la tabla periódica, de acuerdo a su electronegatividad.

Los elementos del sexto periodo son: Cs, La, Ir, Au, Tl, Bi y Rn $\Rightarrow$ de forma decreciente se tiene: Rn > Bi > Tl > Au > Ir > La > Cs

2. Ordenar de forma creciente, respecto a su electronegatividad los elementos del grupo VIBA

Elementos del grupo VIIB: F, Cl, Br, I y At $\Rightarrow$ la electronegatividad en forma creciente se tiene: At < I < Br < Cl < F

3. ¿Cuál de los siguientes elementos presentan una mayor afinidad electrónica?, Ga, Rh, O, F, Fe Ir, Ta, Zr, Y, Ba y K.

La electronegatividad aumenta de abajo hacia arriba en el mismo grupo y de izquierda a derecha en el mismo periodo, por lo tanto, el orden de mayor a menor electronegatividad es:

$$F > O > Ga > Rh > Fe > Ir > Ta > Y > Ba > K$$

Efecto paramagnético y diamagnético.

Propiedades magnéticas de los elementos.

Dependiendo de su comportamiento en presencia de un campo magnético externo, las sustancias se pueden clasificar en:

a) Diamagnéticas. Sustancias que son repelidas por las líneas de flujo de un campo magnético externo.
b) Paramagnéticas. Sustancias que son atraídas por las líneas de flujo un campo magnético externo.
c) Ferromagnéticas. Sustancias que son fuertemente atraídas por las líneas de flujo de un campo magnético externo.

El número cuántico del spin magnético o simplemente spin, establece las propiedades magnéticas de los elementos o átomos, cuando se someten a la influencia de un campo magnético.

a) Diamagnéticas. Sustancias que son repelidas por las líneas de flujo de un campo magnético externo. Presentan todos sus electrones apareados.
b) Paramagnéticas. Sustancias que son atraídas por las líneas de flujo un campo magnético externo. Presentan al menos un electrón desapareado.
c) Ferromagnéticas. Sustancias que son fuertemente atraídas por las líneas de flujo de un campo magnético externo.

Ejemplo.

1. De acuerdo a la configuración electrónica de los siguientes átomos, establecer, ¿Cuál presenta una propiedad paramagnética o diamagnética?
   a) Hidrógeno.
   b) Helio.
   c) Oxígeno
   d) Cobre
   e) Bario

   a) $^{1}H: 1s^{1} \Rightarrow$ presenta un electrón desapareado: paramagnético.

   b) $^{2}He: 1s^{2} \Rightarrow$ presenta electrones apareados: diamagnético.

   c) $^{8}O: 1s^{2}2s^{2}p^{4} \Rightarrow$ presenta electrones desapareados: paramagnético.

d) ^{29}Cu: $[Ar]3d^{10}4s^1$ $\Rightarrow$ presenta electrones desapareados: paramagnético.

e) ^{56}Ba: $[Xe]4s^2 \Rightarrow$ presenta electrones apareados: diamagnético.

2. Establecer de forma creciente los siguientes átomos: sodio, berilio y magnesio, de acuerdo al radio atómico.

De acuerdo a la ubicación de los elementos (átomos): el sodio (Na) y el magnesio (Mg), se encuentran en el mismo periodo (tercer periodo).

De acuerdo a la variación del radio atómico en la tabla periódica, el magnesio se ubica a la derecha respecto al sodio, por lo tanto, el radio atómico del magnesio y menor respecto al radio atómico del sodio; $r_{Mg} < r_{Na}$.

En el mismo grupo (IIA), se ubican los elementos berilio (Be) y magnesio (Mg). De acuerdo a la variación del radio atómico en un mismo grupo de la tabla periódica, el magnesio (Mg) se ubica abajo respecto al berilio (Be); por lo tanto, el radio atómico del berilio es menor que el radio atómico del magnesio: $r_{Be} < r_{Mg}$.

En conclusión: $r_{Be} < r_{Mg} < r_{Na}$.

3. Escriba la configuración del
   a) Azufre
   b) Paladio
   c) Establecer si son elementos o átomos diamagnéticos.

a) El azufre presenta un número atómico de 16:
   ^{16}S: $1s^2\ 2s^2\ 2p^6\ 3s^2\ 3p^4$ ó $[Ne]\ 3s^2\ 3p^4$: paramagnético.

b) El paladio presenta un número atómico de 46:
   ^{46}Pd: $1s^2\ 2s^2\ 2p^6\ 3s^2\ 3p^6\ 3d^{10}\ 4s^2\ 4p^6\ 4d^{10} \Rightarrow [Kr]\ 4d^{10}$: diamagnético.

4. Un átomo neutro de cierto elemento tiene 15 electrones. Sin consultar ninguna referencia, conteste:

a) ¿Cuál es la configuración electrónica en su estado basal?
b) ¿Cómo debe clasificarse al elemento?
c) ¿El elemento es diamagnético o paramagnético?

a) ^{15}X: $1s^2\ 2s^2\ 2p^6\ 3s^2\ 3p^3$ ó $[Ne]\ 3s^2\ 3p^3$

b) Como el subnivel no está completamente lleno, es un elemento representativo y no se puede decir si se trata de un no metal, metal o metaloide.

c) De acuerdo a la regla de Hund, los tres electrones del subnivel p tienen espines paralelos y por lo tanto es un átomo paramagnético, con tres espines desapareados.

5. De acuerdo a la periodicidad del radio atómico, ordene de forma ascendente o descendente los átomos de P, Si y N

La variación del radio atómico para los periodos, aumenta a medida que se avanza hacia debajo en un mismo grupo de la tabla periódica. Y en un mismo periodo el radio atómico, disminuye a medida que se avanza de izquierda a derecha a lo largo de un periodo, por lo tanto, se tiene: N< P < Si.

6. Ordene en forma decreciente los siguientes átomos, respecto a su radio atómico: C, Li y Be.

Los elementos de carbono, litio y berilio, pertenecen a un mismo período (3). El radio atómico para un mismo período aumenta de derecha a izquierda, por lo tanto:

Li < Be < C

Ejercicios.

1. ¿Qué elementos del primer periodo de transición (desde Z = 19 hasta Z= 30); son diamagnéticos? Justifique su repuesta.
2. ¿Cuál serán los radios iónicos del Se^{2-}, Cl^{1-}, I^{1-} y P^{3-}? Si los radios iónicos del Si^{2-} y del Te^{2-} son 1.84 Å y 2.21 Å
3. ¿Cuál será la primera energía de ionización del carbono, azufre, y antimonio, en eV?, si la primera energía de ionización del aluminio es 138 kCal/g-mol
4. Si la energía de ionización del magnesio es 176 kCal/g-mol y la del Estroncio es de 131 kCal/g-mol, ¿Cuál será la energía de ionización del calcio en J?
5. Los radios iónicos de los iones sodio y cloro, del compuesto químico cloruro de sodio son 1.81 Å y 0.95 Å. ¿Cuál es el valor de los radios covalentes de estos iones?
6. ¿Cuál es el orden decreciente que presentan la siguiente serie de elementos: silicio, carbono, nitrógeno, azufre selenio y fosforo?, de acuerdo a su electroafinidad, electronegatividad y primer potencial de ionización.
7. De los siguientes elementos, calcular y ordenar en forma creciente el volumen atómico: rutenio, talio, oro, antimonio, oxígeno, magnesio, neón y paladio.
8. De acuerdo a la escala de Pauling, ordenar en forma creciente la electronegatividad y como se compara con la afinidad electrónica de los siguientes elementos: vanadio, rubidio, osmio, plomo cobre, molibdeno, estaño, azufre, bromo y cromo.
9. Establecer el símbolo del elemento que presente las siguientes características periódicas: es el menos electronegativo, presenta afinidad electrónica mayor, presenta un radio atómico menor, es gas y tiene la propiedad diamagnética.
10. De acuerdo al número atómico de los siguientes elementos plata, mercurio, sodio cesio platino, aluminio, rodio, telurio, vanadio y hierro, ¿Cuál de ellos presenta una mayor energía de afinidad electrónica, mayor radio iónico, volumen atómico, electronegatividad, radio covalente y mayor potencial iónico? Ordenar de forma creciente.

BIBLIOGRAFÍA.

1. Fundamentos de la Química. Principios de Química Básica, José Albino Moreno Rodríguez, Lilián Aurora Moreno Rodríguez, Editorial Académica Española, 2012.
2. Nomenclatura de los compuestos químicos inorgánicos, José Albino Moreno Rodríguez, Lilián Aurora Moreno Rodríguez, Editorial Académica Española, 2016.
3. Química, Raymond Chang y Jason Overby Editorial McGraw-Hill; Edición 13, 2020.
4. Química, Rosa González, Pilar Montagut, Carmen Sansón y Roberto Salcedo, Grupo Editorial Patria; Edición 1st, 2011.
5. Principios de Química, los caminos del descubrimiento, Atkins Peter, Jones, Editorial Medica Panamericana, 2012.

ÍNDICE. **Página**

Capítulo 3.

ENLACE QUÍMICO.

José Albino Moreno Rodríguez[1], Alfonso Daniel Díaz Fonseca[1], Elsa Adriana Camarillo Jiménez[1], Enoc Ventura Flores[1], Franchescoli Didier Velázquez Herrera[1], Lilián Aurora Moreno Rodríguez[2], Eduardo Alejandro Valdez Torija[2]

[1]Facultad de Ciencias Químicas, Av. San Manuel, Senda Química, C. U, 72570, Prolongación de la 24 Sur y Av. San Claudio, C. U., Col. San Manuel, 72570, [2]Instituto de Física, Av. San Claudio y Blvd. 18 sur, Col. San Manuel, 72570. Benemérita Universidad Autónoma de Puebla

Los gases nobles o raros, se presentan en la naturaleza como átomos separados. En la mayoría de los materiales, los átomos están unidos con enlaces químicos.

Los enlaces químicos son las fuerzas que mantienen unidos a átomos similares en las moléculas de oxígeno molecular (O_2) y cloro (Cl_2), moléculas diatómicas y en átomos distintos como en los compuestos de dióxido de carbono (CO_2) y agua (H_2O) y de metales Na-Na.

Un enlace químico se forma entre dos átomos, si la disposición resultante de los dos núcleos y sus electrones tienen una energía menor que la energía total de los dos átomos separados.

Esta menor energía se puede lograr mediante la transferencia completa de uno o más electrones de un átomo al otro, formándose iones que permanecen unidos por atracciones electrostáticas llamadas enlace iónico.

La menor energía también puede lograrse compartiendo electrones, en este caso los átomos se unen mediante enlace covalente y se forman moléculas individuales.

Un tercer tipo de enlace es el enlace metálico en el cual un gran número de cationes se mantienen unidos por un mar de electrones.

Los átomos se combinan con el fin de alcanzar una configuración electrónica más estable (de menor energía). La estabilidad máxima se produce cuando un átomo es isoelectrónico con un gas noble. Solo los electrones externos de un átomo pueden ser atraídos por otro átomo cercano.

En la formación de enlaces químicos solo intervienen los electrones de valencia; es decir, aquellos electrones que residen en la capa exterior parcialmente ocupada de un átomo (capa de valencia). Con la espectroscopia electrónica y la difracción rayos X, se han obtenido pruebas de la no intervención de los electrones internos.

Los átomos ganan, pierden o comparten electrones tratando de alcanzar el número de electrones que los gases nobles más cercanos a ellos en la tabla periódica.

Símbolos de Lewis.

Los símbolos de puntos o de electrón punto, llamados símbolos de Lewis son una forma útil de mostrar los electrones de valencia de los átomos y de pronosticar o predecir el tipo de enlace que se origina, cuando los átomos se unen entre sí. El símbolo de electrón punto para un elemento consiste en el símbolo químico del elemento, más un punto por cada, electrón de valencia.

El símbolo del elemento representa el núcleo y los electrones internos; es decir, el interior del átomo. Los símbolos de Lewis se usan principalmente para los elementos de los bloques s y p. Para estos elementos, con excepción del He, el número de electrones de valencia en cada átomo es el mismo que el número del grupo al que pertenece el elemento.

Los metales de transición, los lantánidos y actínidos tienen capas internas incompletas y en general no es posible representar el símbolo de punto-cruz de Lewis. Muchos elementos metálicos de los bloques p y d tienen átomos que pueden perder un número variable de electrones pudiendo formar diferentes compuestos. La capacidad de un elemento de formar varios iones se llama valencia variable.

La idea de que dos de los electrones del berilio, del boro y del carbono están apareados, fue desarrollada en el año de 1924, por el famoso investigador Lewis.

Lewis anotaba un punto en cada uno de los cuatro lados del símbolo del elemento, antes de anotar dos puntos en cualquiera de los lados. Por lo tanto, de acuerdo al símbolo de Lewis, la cantidad de electrones no apareados debería ser igual a la cantidad de enlaces que por lo general forma un elemento en sus compuestos.

La estructura de Lewis, también llamada diagrama de punto y raya diagonal, modelo de Lewis, representación de Lewis o fórmula de Lewis, es una representación gráfica que muestra los pares de electrones de enlaces entre los átomos de una molécula y los pares de electrones solitarios que puedan existir.

Son representaciones adecuadas y sencillas de iones y compuestos, que facilitan el recuento exacto de electrones y constituyen una base importante, estable y relativa.

Esta representación se usa para saber la cantidad de electrones de valencia de un elemento que interactúan con otros o entre su misma especie, formando enlaces ya sea simple, dobles o triples y después de cada uno de estos se encuentran en cada enlace formado.

Las estructuras de Lewis muestran los diferentes átomos de una determinada molécula usando su símbolo químico y líneas que se trazan entre los átomos que se unen entre sí. Representan también si entre los átomos existen enlaces simples, dobles o triples.

En ocasiones, para representar cada enlace, se usan pares de puntos en vez de líneas. Los electrones apartados (los que no participan en los enlaces) se representan mediante una línea o con un par de puntos, y se colocan alrededor de los átomos a los que pertenece.

Este modelo fue propuesto por Gilbert N. Lewis quien lo introdujo por primera vez en 1916 en su artículo La molécula y el átomo.

Átomos.

Átomos etimológicamente significa del latín *atŏmus* (también *atŏmos*), en griego antiguo *ἄτομος* (*átomos*, "indivisible"); es decir es la partícula más pequeña y fundamental de la materia que no se puede cortar o dividir; es decir, es indestructible e indivisible, postulados por la escuela griega.

Los átomos desde el punto de vista física elemental, está formado por pequeñas partículas: electrones (ē, cargas negativas), protones (e, cargas positivas) y neutrones (n, cargas neutras).

La representación del modelo de Lewis para los átomos, tomando en cuenta los electrones de valencia, se establece a través de las configuraciones electrónicas de cada elemento.

Los electrones de valencia son aquellas cargas negativas del último nivel de valencia en su configuración electrónica.

Ejemplo.

La representación de Lewis, para los siguientes elementos: calcio, mercurio, cloro y xenón son:

Calcio: ^{20}Ca: $[Ar]4s^2 \Rightarrow$ Representación Lewis: Ca·

Mercurio: ^{80}Hg: $[Xe]4f^{14}5d^{10}6s^2 \Rightarrow$ Representación Lewis: ·Hg·

Cloro: ^{17}Cl: $[Ne]3s^2 3p^5 \Rightarrow$ Representación Lewis: :C̈l·

Moléculas.

La molécula es la unidad mínima de una sustancia que conserva sus propiedades químicas y puede estar formada por átomos iguales o diferentes.

Todas las moléculas tienen que ser representadas simbólicamente por un átomo central, ya sea de tipo inorgánico o de tipo orgánico.

En general, las moléculas de tipo orgánico el átomo central es el átomo de carbono, porque presenta una electronegatividad baja o menor. El átomo de carbono queda rodeado por átomos de carbono o diferentes para formar la molécula orgánica.

Por convención, nunca se elige al átomo de hidrógeno como átomo central, en moléculas orgánicas e inorgánicas.

Ejemplo:

En la molécula del metano, los electrones de valencia del átomo carbono son 4 y los electrones de valencia del átomo de hidrógeno son uno:

Carbono: ^{6}C: $1s^2 2s^2 p^2 \Rightarrow$ 4 electrones (ē) de valencia del orbital n = 2
Hidrógeno: ^{1}H: $1s^1 \Rightarrow$ 1 electrón (ē) de valencia del orbital n = 1

La representación tipo Lewis para la molécula orgánica del metano es:

$$\text{Metano: } CH_4 \Rightarrow \begin{array}{c} H \\ | \\ H\text{-}C\text{-}H \\ | \\ H \end{array} \Rightarrow \begin{array}{c} H \\ \ddot{} \\ H:C:H \\ \ddot{} \\ H \end{array}$$

Electrones de Valencia.

El número total de electrones representados en un diagrama de Lewis es igual a la suma de los electrones de valencia de cada átomo.

La valencia que se toma como referencia y que se representa en el diagrama es la cantidad de electrones que se encuentran en el último nivel de energía de cada elemento al hacer su configuración electrónica.

Cuando los electrones de valencia han sido determinados, deben ubicarse en el modelo a representar simbólicamente.

En las moléculas, una vez que todos los pares solitarios han sido ubicados, los átomos, especialmente los centrales, pueden no tener un octeto de electrones.

Los átomos entre sí, de una molécula deben quedar unidos por enlaces y un par de electrones forma un enlace entre los dos átomos.

Así como el par del enlace es compartido entre los dos átomos, el átomo que originalmente tenía el par solitario sigue teniendo un octeto y el otro átomo ahora tiene dos electrones más en su última capa.

Fuera de los compuestos orgánicos, solo un porcentaje menor de los compuestos tiene un octeto de electrones en su última capa. Compuestos con más de ocho electrones en la representación de la estructura de Lewis de la última capa del átomo, son llamados hipervalentes, y son comunes en los elementos de los grupos 15 al 18; como el fósforo, azufre, yodo y xenón.

Cuando se escribe la estructura de Lewis de un ion, la estructura entera es ubicada entre corchetes, y la carga se escribe como un exponente en la parte superior derecha y fuera de los corchetes.

La regla del octeto.

La regla del octeto, establece que los átomos se enlazan unos a otros en el intento de completar su capa de valencia (última capa de la electroesfera). La denominación "regla del octeto" surgió en razón de la cantidad establecida de electrones para la estabilidad de un elemento; es decir, el átomo queda estable cuando presenta en su capa de valencia 8 electrones.

Para alcanzar tal estabilidad sugerida por la regla del octeto, cada elemento precisa ganar o perder (compartir) electrones en los enlaces químicos, de esa forma ellos adquieren ocho electrones en la capa de valencia.

Los átomos de oxígeno se enlazan para alcanzar la estabilidad sugerida por la regla del octeto. Se justifica esta regla, porque las moléculas o iones, tienden a ser más estables cuando la capa de electrones externa de cada uno de sus átomos está llena con ocho electrones (configuración de un gas noble). Es por ello que los elementos tienden siempre a formar enlaces en la búsqueda de tal estabilidad.

Los átomos son más estables cuando consiguen ocho electrones en la capa de su estado de óxido, sean pares solitarios o compartidos mediante enlaces covalentes. Considerando que cada enlace covalente simple aporta dos electrones a cada átomo de la unión, al dibujar un diagrama o estructura de Lewis, hay que evitar asignar más de ocho electrones a cada átomo.

Carga formal.

En términos de las estructuras de Lewis en general, la carga formal de un átomo puede ser calculada usando la siguiente fórmula:

$$C_f = N_v - U_e - B_n.$$

Dónde:

C_f es la carga formal.
N_v representa el número de electrones de valencia en un átomo libre.
U_e representa el número de electrones no enlazados o pares libres
B_n representa el número total de electrones de enlace, entre dos.

La carga formal del átomo es calculada como la diferencia entre el número de electrones de valencia que un átomo neutro y el número de electrones que pertenecen a él en la estructura. La carga formal en una molécula neutra debe ser igual a cero.

Ejemplo.

Establecer la estructura tipo Lewis para las siguientes moléculas (compuestos químicos): oxígeno, cloro y agua.

Requisitos para establecer la fórmula tipo Lewis.

1. Establecer el átomo central de cada molécula. El átomo central es el átomo con menor electronegatividad, a excepción del átomo de hidrógeno.
2. Establecer el número total de electrones de valencia, que participan en la unión o enlace de cada átomo de la molécula.
3. Establecer los pares electrónicos de enlace y de no enlace (solitarios), de cada átomo que forma la molécula.
4. Cumplir con la regla del octeto.
5. Establecer la representación simbólica de la estructura de Lewis, de cada molécula.

a) Molécula de oxígeno.

El átomo central será cualquiera de los dos átomos de oxígeno, por tener la misma electronegatividad.

Los electrones de valencia de cada átomo de oxígeno se obtienen a partir de la configuración electrónica de cada átomo del oxígeno

Oxígeno: ^{8}O: $1s^2 2s^2 p^4$: $\Rightarrow$ 6 ē de valencia
2 pares de enlace (4 ē enlazados) y dos ē no enlazados

Oxígeno: ^{8}O: $1s^2 2s^2 p^4$: $\Rightarrow$ 6 ē de valencia
2 pares de enlace (4 ē enlazados) y dos ē no enlazados

La carga formal para cada átomo de oxígeno, en la molécula de oxígeno es:

$$C_f = N_v - U_e - B_n = 6 - 4 - 2 = 0$$

La estructura tipo Lewis para la molécula de oxígeno es:

$$\cdot\ddot{\underset{..}{O}}\cdot + \cdot\ddot{\underset{..}{O}}\cdot \Rightarrow \ddot{\underset{..}{O}}::\ddot{\underset{..}{O}}$$

b) Molécula de cloro.

Los electrones de valencia de cada átomo de cloro se obtienen a partir de la configuración electrónica de cada átomo del cloro.

Cloro: ^{17}Cl: $[Ne]3s^2 p^5$: $\Rightarrow$ 7 ē de valencia
3 pares enlazados (6 ē enlazados) y un ē no enlazado

Cloro: ^{17}Cl: $[Ne]3s^2 p^5$: $\Rightarrow$ 7 ē de valencia
3 pares enlazados (6 ē enlazados) y un ē no enlazado

La carga formal para cada átomo de cloro, en la molécula de cloro es:

$$C_f = N_v - U_e - B_n = 7 - 2 - 5 = 0$$

La estructura tipo Lewis para la molécula de cloro es:

$$:\ddot{\underset{..}{Cl}}\cdot + :\ddot{\underset{..}{Cl}}\cdot \Rightarrow :\ddot{\underset{..}{Cl}}:\ddot{\underset{..}{Cl}}:$$

c) Molécula del agua.

Los electrones de valencia del átomo de oxígeno se obtienen a partir de su configuración electrónica y de forma similar los electrones de valencia de cada átomo de hidrógeno.

Oxígeno: ^{8}O: $1s^2 2s^2 p^4$: $\Rightarrow$ 6 ē de valencia
2 pares de enlace (4 ē enlazados) y dos ē no enlazados

Hidrógeno: ^{1}H: $1s^1$ $\Rightarrow$ 1 ē de valencia
cero pares de enlace (0 ē enlazados) y dos ē no enlazados

Hidrógeno: ^{1}H: $1s^1$ $\Rightarrow$ 1 ē de valencia
cero pares de enlace (0 ē enlazados) y dos ē no enlazados

La carga formal para el átomo de oxígeno y para cada átomo de hidrógeno, en la molécula de agua es:

$$C_f = N_v - U_e - B_n = 10 - 8 - 2 = 0$$

La estructura tipo Lewis para la molécula del agua es:

$$2\,H\cdot + \cdot\ddot{\underset{..}{O}}\cdot \Rightarrow H:\ddot{\underset{..}{O}}:H$$

La representación de la estructura de tipo Lewis, también se utiliza para iones negativos (radicales) y iones positivos (grupo amonio).

Ejemplo:

Representar la estructura de tipo Lewis para el ion nitrito.

La fórmula del ion de nitrito es $[NO_2]^{1-}$

1. El átomo central es el átomo de nitrógeno, porque es el único átomo diferente y es el átomo que tiene una electronegatividad menor al átomo de oxígeno.

$$[O\text{-}N\text{-}O]^{1-}$$

2. Contar los electrones de valencia. El átomo nitrógeno solo tiene 5 ē de valencia y cada átomo oxígeno tiene 6 ē de valencia. El número total de ē de valencia en el ion nitrito es: O: (6 ē x 2 átomos) = 12 ē. Los

electrones del átomo de nitrógeno: N: 5 ē; por la tanto se tienen un total de 17 ē de valencia. La carga del ion nitrito es de 1-; por lo tanto, se tiene otro electrón de valencia y el número total de electrones de valencia en el ion nitrito es de 18 ē.

Oxígeno: ^{8}O: $1s^{2}2s^{2}p^{4}$: $\Rightarrow$ 6 ē de valencia

Oxígeno: ^{8}O: $1s^{2}2s^{2}p^{4}$: $\Rightarrow$ 6 ē de valencia

} $\Rightarrow$ (2)(6 ē) = 12 ē de valencia

Nitrógeno: ^{7}N: $1s^{2}2s^{2}p^{4}$: $\Rightarrow$ 5 ē de valencia = 5 ē de valencia

Carga del ion nitrito: 1- = 1 ē de valencia

Total de ē en el nitrito = 18 ē de valencia

3. Ubicar los pares electrónicos. Los dos átomos de oxígeno deben estar enlazados al átomo central de nitrógeno. El átomo de nitrógeno usa cuatro electrones (de sus 5 ē) para enlazar al átomo de oxígeno, dos ē en cada enlace al oxígeno. Los 14 ē restantes (18 ē – 4 ē = 14 ē), deben ser ubicados inicialmente como 7 pares solitarios.
Cada oxígeno debe tomar un máximo de 3 pares solitarios, dándole a cada oxígeno 8 electrones, incluyendo el par del enlace. El séptimo par solitario debe ser ubicado en el átomo de nitrógeno.

4. Cumplir la regla del octeto. Ambos átomos de oxígeno poseen 8 electrones asignados a ellos. El átomo de nitrógeno posee sólo 6 electrones asignados. Uno de los pares solitarios de uno de los oxígenos debe formar un doble enlace, y ambos átomos se unirán por un doble enlace. Puede hacerse con cualquiera de los dos oxígenos. Por lo tanto, debemos tener una estructura de resonancia.

5. Dibujar la estructura. Las dos estructuras de Lewis deben ser dibujadas con un átomo de oxígeno doblemente enlazado con el átomo de nitrógeno. El segundo átomo de oxígeno en cada estructura estará enlazado de manera simple con el átomo de nitrógeno. Ponga los corchetes alrededor de cada estructura, y escriba la carga negativa en el rincón superior derecho afuera de los corchetes. Dibuje una flecha doble entre las dos formas de resonancia.

N

:O: O:

Ejercicio:

Escriba los símbolos de Lewis para los átomos del segundo período de la tabla periódica y del cuarto grupo (elementos representativos) de la tabla periódica.

Enlace iónico

Los elementos con baja energía de ionización tienden a formar cationes y los que poseen electroafinidad alta tienden a formar aniones. Los metales alcalinos y alcalinotérreos son los elementos con más posibilidad de formar cationes y los halógenos y el oxígeno, los más adecuados para formar aniones. La gran variedad de compuestos iónicos está formada por un metal del grupo IA o IIA y un halógeno u oxígeno.

Un enlace iónico es la fuerza de atracción electrostática que mantiene unidos a los iones de cargas opuestas en un compuesto iónico. Cuando se forma una unión iónica uno de los átomos pierde electrones y el otro los gana, hasta que ambos alcanzan la configuración de un gas noble, un doblete para elementos cercanos al helio y un octeto para todos los demás.

Ejemplo.

Representar la simbología de Lewis, en la reacción entre un átomo de litio y un átomo de flúor para formar el compuesto LiF.

De acuerdo a la configuración electrónica de cada elemento, se observa un electrón desapareado en la última capa de valencia (último nivel de energía), para cada elemento (átomo), por lo tanto, el elemento más electronegativo (flúor) que "quita" o le pide un electrón al átomo de litio, para forma un enlace iónico y estabilizar al átomo de flúor, figura 19 y se cumple la estructura o simbología de Lewis.

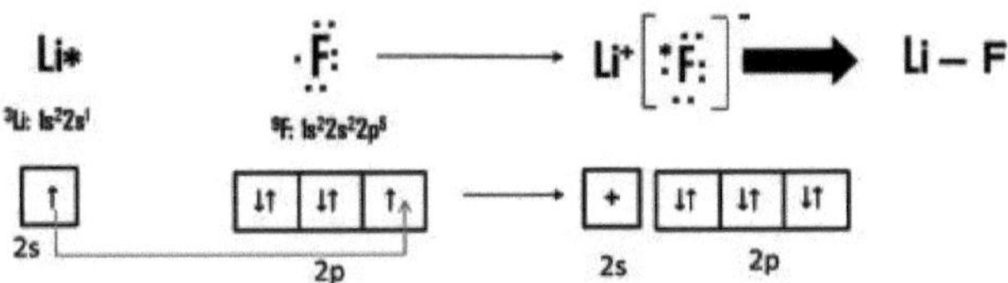

Figura 19. Estructura de Lewis para la formación de un enlace iónico

Al transferir un electrón de un átomo de litio y formar el ion litio (Li^+), se confiere al átomo de litio la configuración electrónica externa del gas noble helio que tiene dos electrones en su capa externa. Al agregar un electrón a un átomo de flúor para formar un ion fluoruro (F^-), el átomo de flúor adquiere la configuración electrónica externa del gas noble neón, que tiene ocho electrones en su capa externa.

Las fórmulas empíricas de los compuestos iónicos se escriben sin mostrar las cargas. Los signos positivos (+) y negativos (–), se muestran para enfatizar la transferencia de electrones.

El enlace iónico en el LiF es la atracción electrostática entre el ion litio con carga (+) y el ion fluoruro con carga (-). El compuesto es eléctricamente neutro.

Ejemplo.

La interacción electrostática entre el calcio y el oxígeno para la formación del óxido de calcio, se representa mediante la estructura de Lewis:

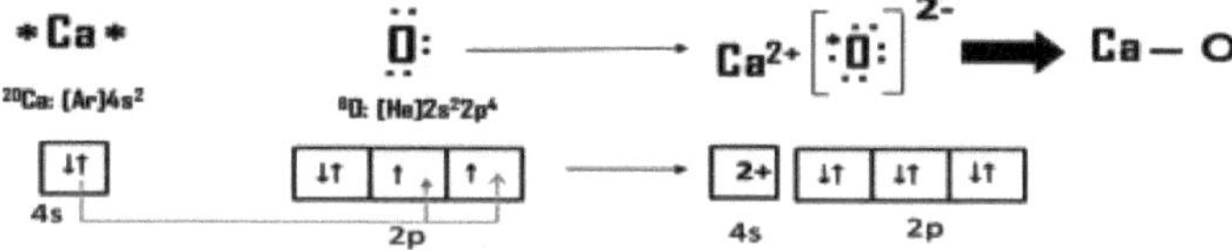

Hay una transferencia de dos electrones del átomo de calcio al átomo de oxígeno. Con el corchete: [], se establece que los ocho electrones se encuentran exclusivamente en el ion F^- o en el ion O^{2-} en los ejemplos dados.

Si el catión y el anión no tienen la misma carga, las cargas se balancean para que el compuesto sea eléctricamente neutro, de acuerdo al siguiente ejemplo:

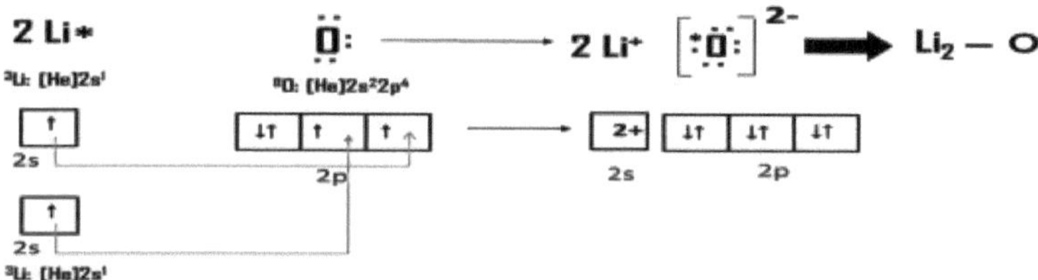

Ejercicio.

Representar la interacción electrostática de los siguientes óxidos: óxido de bario, óxido de potasio, óxido de magnesio y óxido de sodio, a través de la fórmula de Lewis.

En un sólido iónico todos los cationes interactúan en mayor o menor medida con todos los aniones, todos los cationes se repelen entre sí y todos los aniones se repelen entre sí. Un enlace iónico es una característica "global" del cristal entero, una reducción neta de energía tomando en cuenta el cristal completo. Un sólido iónico es un ensamble de cationes y aniones unidos en una forma regular. Los sólidos iónicos son ejemplos de sólidos cristalinos.

Los compuestos iónicos son estables debido a la fuerte atracción coulombica entre iones con diferentes cargas, los cuales al acercarse liberan mucha energía.

Propiedades de los compuestos iónicos.

Las fuerzas electrostáticas que mantienen unidos a los iones en un compuesto iónico son muy fuertes y por tal motivo, los compuestos iónicos son sólidos a temperatura ambiente y tienen punto de fusión elevado (mayor a 400°C).

En el estado sólido cada catión está rodeado por un número específico de aniones y viceversa. Son duros y quebradizos, solubles en agua y sus disoluciones acuosas conducen la electricidad, debido a que estos compuestos son electrolitos fuertes. También conducen la electricidad, en un estado fundido. En estado sólido son malos conductores de la electricidad.

Estos compuestos son enormes agregados de cationes y aniones que tienen una disposición espacial determinada. Una medida de la estabilidad de un sólido iónico es su energía reticular o energía de red cristalina del sólido, que se define como la energía requerida para separar completamente un mol de un compuesto iónico sólido en sus iones en estado gaseoso.

$$NaCl(s) \rightarrow Na^+(g) + Cl^-(g) \qquad \Delta H_{red} = 788 \text{ kJ/mol}$$

La energía de red de un sólido iónico es una medida de la fuerza de atracción entre los iones de dicho sólido. Cuanto mayor sea la energía de red, los enlaces iónicos son más fuertes y el sólido será más duro y fundirá a mayor temperatura.

Las energías de red son difíciles de medir experimentalmente, por lo general se calculan empleando los ciclos de Born Haber. Los valores de las energías de red dependen de las cargas y del tamaño de los iones implicados.

El proceso inverso, la formación de un compuesto iónico sólido a partir de sus iones gaseosos es un proceso exotérmico.

Índice de coordinación

En un compuesto iónico, cada ion se rodea de un número de iones de signo contrario que se disponen en el espacio formando redes cristalinas, cuya estructura geométrica depende del tamaño de los iones y de su carga.

Los compuestos iónicos adoptan diferentes estructuras cristalinas, de manera que los iones se colocan de forma que se compensen las fuerzas atractivas y repulsivas.

Estas estructuras cristalinas deben de cumplir dos condiciones:

a) Los iones deben de ocupar el menor volumen posible (empaquetamiento máximo).

b) El cristal debe ser neutro, es decir, el número de cargas negativas han de ser igual al de cargas positivas.

Se llama índice de coordinación al número de iones de un signo que rodean a otro de signo contrario, siempre a la misma distancia.

Por ejemplo, en el NaCl los iones de Na^+ son bastante más pequeños que los iones de Cl^-, de manera que los iones se disponen formando una red cúbica centrada en las caras con un índice de coordinación de 6. Sin embargo, en el

CsCl los iones de Cs^{+} y Cl^{-} son de similar tamaño. En este caso, los iones se disponen formando una red cúbica centrada en el cuerpo con un índice de coordinación de 8. Figura 20.

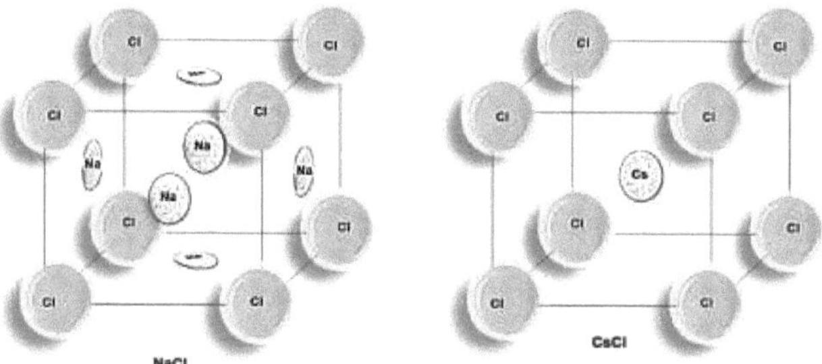

Figura 20. Estructuras cristalinas del NaCl y CsCl, respectivamente.

Energía reticular.

Si se considera el proceso de formación de iones para el NaCl.

$$Na(g) \rightarrow Na^{+}(g) + 1\bar{e} \qquad \Delta E = 495.0 \text{ kJ/mol}$$

$$Cl(g) + 1\bar{e} \rightarrow Cl^{-}(g) \qquad \Delta E = -349.5 \text{ kJ/mol}$$

El balance energético para la formación del cloruro de sodio sería de +145.5 kJ/mol, por lo tanto, el sistema no se estabiliza. Sin embargo, al formarse la red cristalina, el cristal por atracciones electrostática entre los iones libera una gran cantidad de energía denominada energía de red o energía reticular, haciendo el balance energético total negativo.

La energía reticular se define como la energía que se desprende al formarse un mol de un cristal iónico a partir de sus iones en estado gaseoso. Un cristal será tanto más estable cuanto mayor sea su energía reticular.

La energía reticular (U_0) la calcularon por primera vez en 1918, Max Born y Alfred Lande de forma aproximada, mediante una fórmula de la que se deduce que aumenta al hacerlo la carga de los iones y al disminuir el radio de los mismos.

$$U_o = \frac{(K)(N_A)(A)(Z^{+})(Z^{-})(\bar{e})}{d_o}\left[1 - \frac{1}{n}\right]$$

En esta ecuación, N_A es el número de Avogadro, Z^{+} y Z^{-} son las cargas de los iones, ē es la carga del electrón, K es la constante de Coulomb, A es la constante de Madelung que depende del tipo de red cristalina, d_0, la distancia internuclear y n el factor de compresibilidad de Born.

Un compuesto es más estable cuanta más negativa sea la energía de red. En valor absoluto, la energía de red:

a) Aumenta con la carga de los iones Z^+ y Z^-
b) Disminuye al aumentar la distancia entre el catión y el anión.

Enlace Covalente

La mayor parte de los compuestos son moleculares. Después del descubrimiento del electrón y del átomo nuclear se intentó desarrollar una explicación del enlace químico en las moléculas basándose en los electrones. G. Lewis propuso que los enlaces químicos en las moléculas se forman cuando los átomos comparten pares de electrones externos.

Un átomo puede adquirir la configuración electrónica de gas noble, compartiendo electrones con otros átomos. Lewis supuso que los electrones no compartidos también se aparean. Sugirió que los grupos de ocho electrones (octetos) en torno a los átomos tienen gran estabilidad.

Fue L. Langmuir quien sugirió el nombre de enlace covalente para un par compartido de electrones. El enlace químico que se forma compartiendo un par de electrones se llama enlace covalente.

La descripción de Lewis del enlace covalente fue muy útil pero no explicaba por qué o cómo se compartían los electrones. No fue posible tener una teoría genuina del enlace covalente sino hasta que se desarrolló la teoría cuántica.

Los símbolos de Lewis se combinan en estructuras de Lewis, o estructuras de puntos por electrones.

Por ejemplo, la molécula de hidrógeno:

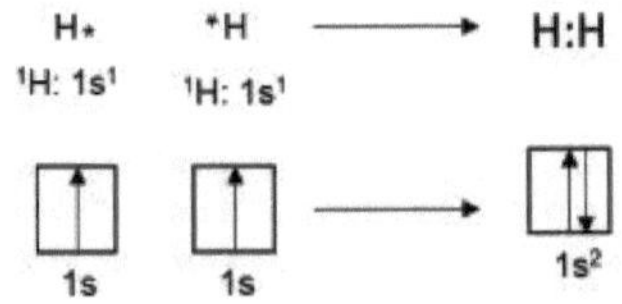

H• •H → H:H

$^1H: 1s^1$ $^1H: 1s^1$

1s 1s → $1s^2$

Para simplificar, el par de electrones compartidos se representa como una línea.

H—H

El par de electrones compartidos proporciona a cada átomo de H dos electrones adquiriendo la configuración electrónica externa del gas noble helio. En el enlace covalente cada electrón del par compartido es atraído por los núcleos de ambos átomos.

Esta atracción mantiene unidos a los dos átomos en la molécula de H_2 y es la responsable de la formación de enlaces covalentes en otras moléculas. En átomos polielectrónicos, solo participan los electrones de valencia en la formación de enlaces covalentes. Los pares de electrones de valencia que no participan del enlace o electrones no compartidos (o no enlazantes), se denominan pares libres o pares solitarios.

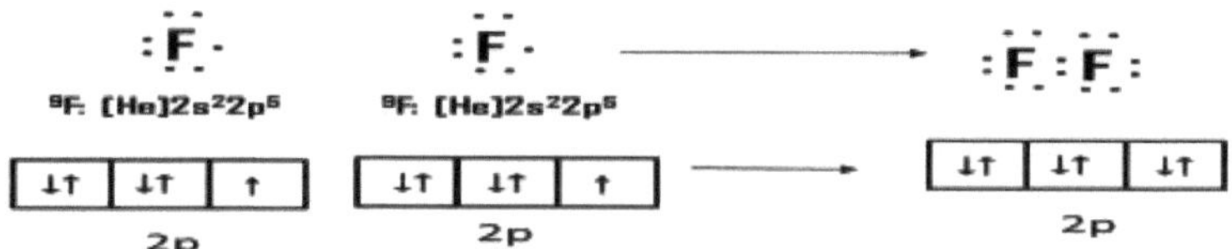

La estructura de Lewis muestra ocho electrones de valencia en torno a cada átomo de flúor como el neón.

Entonces, las estructuras que se utilizan para representar los compuestos covalentes, se denominan estructuras de Lewis. Una estructura de Lewis es la representación de un enlace covalente, donde el par electrónico compartido se indica con líneas o como pares de puntos entre átomos, y los pares libres, no compartidos se indican como pares de puntos en los átomos individuales. Solo se muestran los electrones de valencia.

Ejemplo: molécula de H_2O

H : Ö : H ⟶ H—Ö—H

La formación de esta molécula ilustra la regla de octeto, formulada por Lewis: "Un átomo diferente del hidrogeno tiende a formar enlaces, ganando, perdiendo o compartiendo electrones, hasta quedar rodeado por ocho electrones de valencia". Un octeto significa tener cuatro pares de electrones de valencia dispuestos alrededor del átomo.

La regla del octeto funciona principalmente para los elementos del segundo periodo de la tabla periódica. Estos elementos tienen subniveles 2s y 2p que pueden contener un total de ocho electrones. Cuando un átomo de uno de estos elementos forma un compuesto covalente, adquiere la configuración electrónica del Ne. Hay excepciones a la regla del octeto.

Los átomos pueden formar distintos tipos de enlaces covalentes. En un enlace sencillo, dos átomos se unen por medio de un par de electrones. Si dos átomos comparten dos o más pares de electrones, se forman enlaces múltiples:

Los enlaces covalentes pueden ser no polares o polares. Un enlace covalente no polar es aquel en el que los electrones se comparten por igual entre dos átomos, por ejemplo: H_2 y F_2. Es el caso de dos átomos iguales enlazados.

En un enlace covalente polar, uno de los átomos ejerce una atracción mayor sobre el par de electrones que el otro. Una molécula de cloruro de hidrógeno es polar porque tiene un enlace.

Las letras griegas δ^+ y δ^-; simbolizan las cargas negativas y positivas parciales creadas. En la otra notación, la punta de la flecha señala hacia el átomo que posee la carga negativa parcial.

Un par de cargas iguales y opuestas separadas por una distancia, como el par de cargas del HCl se llama dipolo.

Las estructuras de Lewis muestran los diferentes átomos de una determinada molécula, usando su símbolo químico y líneas que se trazan entre los átomos que se unen entre sí. En ocasiones, para representar cada enlace, se usan líneas en vez de pares de puntos.

Los electrones desapartados (los que no participan en los enlaces) se representan mediante una línea o con un par de puntos, y se colocan alrededor de los átomos a los que pertenecen.

Según el número de pares de electrones que se comparta los enlaces pueden ser:

Molécula	Estructura	Pares compartidos	Tipo
H_2	H : H	1	Simple
O_2	O :: O	2	Doble
N_2	N ::: N	3	Triple

Esta representación se usa para saber la cantidad de electrones de valencia de un átomo que interactúan con otros átomos distintos o de su misma especie, formando enlaces ya sea simples, dobles, o triples y estos se encuentran íntimamente en relación con los enlaces químicos entre las moléculas y su geometría molecular.

Enlace covalente coordinado.

Cuando los pares compartidos son proporcionados por un solo átomo de los que se enlazan, el enlace se llama covalente coordinado.

Por ejemplo:

Los iones hidronio (H_3O^+) y amonio (NH_4^+).

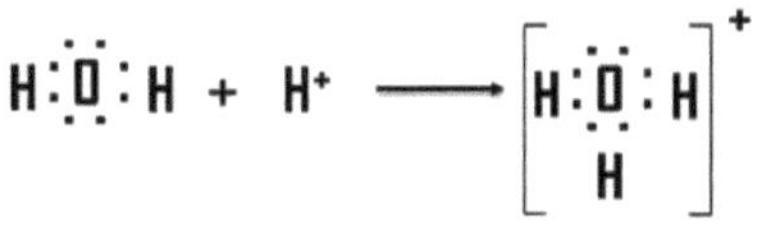

$H:\ddot{\underset{..}{O}}:H + H^+ \longrightarrow \left[H:\ddot{\underset{..}{O}}:H \atop H\right]^+$

Ión Hidronio

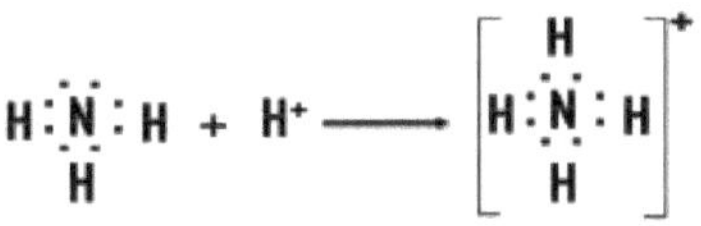

$H:\ddot{\underset{..}{N}}:H + H^+ \longrightarrow \left[H:\ddot{\underset{..}{N}}:H\right]^+$

Ión Amonio

En ambos casos, el H^+ (protón) no tiene ningún electrón para compartir. Estos son proporcionados por el oxígeno en ion el hidronio y por el nitrógeno en el ion amonio.

Longitud de enlace.

Es la distancia entre el núcleo de dos átomos unidos por un enlace covalente en una molécula.

Propiedades de los compuestos covalentes.

Compuestos covalentes.

Son aquellos compuestos químicos que solo contienen enlaces covalentes.

La mayoría de los compuestos covalentes son insolubles en agua, o si se llegan a disolver las disoluciones acuosas no conducen la electricidad, porque estos compuestos son no electrolitos. Al estado líquido o fundido no conducen la electricidad porque no hay iones presentes.

Los compuestos covalentes pueden ser:

a) Moleculares: existen como moléculas independientes, se presentan en estado gaseoso (ejemplo cloro), líquido (ejemplo: bromo), o sólido (ejemplo yodo).

b) Macromoleculares: son grandes agregados de átomos que se hallan unidos por enlaces covalentes (ejemplo: diamante, grafito, cuarzo), poseen elevado punto de fusión, son poco volátiles. Con excepción del grafito, no conducen la corriente eléctrica.

Polaridad de los enlaces y electronegatividad.

La electronegatividad es una propiedad que ayuda a distinguir el enlace covalente no polar del enlace covalente polar. Si existe una gran diferencia de electronegatividad entre los átomos, tenderá a formar enlaces iónicos (NaCl, CaO).

Si los átomos tienen electronegatividades similares tienden a formar entre ellos, enlaces covalentes polares porque el desplazamiento de la densidad electrónica es pequeño.

Solo los átomos de un mismo elemento, con igual electronegatividad pueden unirse por medio de un enlace covalente puro. A mayor diferencia de electronegatividad entre los átomos, más polar será el enlace.

El concepto de electronegatividad es el fundamento para asignar el número de oxidación a los elementos en sus compuestos.

El número de oxidación se refiere al número de cargas que tendría un átomo si los electrones fueran transferidos por completo al átomo más electronegativo de los dos átomos enlazados en una molécula.

Estructura de Lewis para moléculas poliatómicas.

En el caso de moléculas poliatómicas o de iones se procede de la siguiente forma:

1. A partir de las configuraciones electrónicas de los elementos que intervienen, se designa el átomo central que suele ser el menos electronegativo; es decir, el que más electrones necesita para completar su capa de valencia.

2. Se determina el número total de electrones de valencia que se necesitan: n.

3. Se determina el número de electrones de valencia que tiene cada átomo: v.

4. Se calcula el número de electrones compartidos, c, restando n y v en donde (c = n - v) y se divide por dos para determinar el número de pares de enlace (PE).

5. Se calcula los electrones no compartidos o solitarios, s = v - c, y se divide por dos para determinar los pares de no enlace (PN).

Por ejemplo: para el ácido nítrico, HNO_3.

1. El átomo central es el nitrógeno rodeado por 3 oxígenos y el hidrógeno rodea a un átomo de oxígeno.

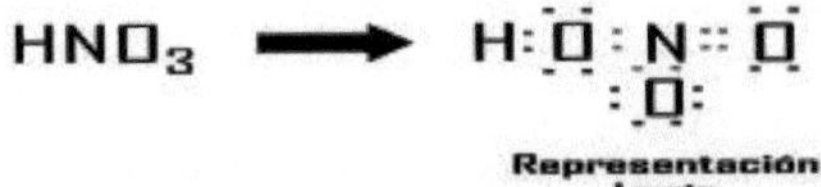

2. El número de electrones de valencia para cada átomo en la fórmula.

Para el átomo de oxígeno:

La cantidad de electrones de valencia del oxígeno de acuerdo a la estructura de Lewis en la fórmula del ácido nítrico, son 8ē y como existen tres átomos de oxígeno en la esta fórmula, entonces se tiene un total de electrones de valencia igual a 24ē.

Para el átomo de nitrógeno:

La cantidad de electrones de valencia del átomo de nitrógeno de acuerdo a la estructura de Lewis en la fórmula del ácido nítrico, son 8ē.

Para el átomo de hidrógeno.

El número total de electrones de valencia que presenta el átomo de hidrógeno de acuerdo a la estructura Lewis en la fórmula del ácido nítrico son 2 electrones de valencia.

Por lo tanto, se tiene:

$$n = 3(O) \times 8\bar{e} + 1(N) \times 8\bar{e} + 1(H) \times 2\bar{e} = 24\bar{e} + 8\bar{e} + 2\bar{e} = 34\bar{e}$$

3. La cantidad de electrones de valencia para cada átomo independiente.

Para cada átomo de oxígeno: ^{8}O: $1s^2 2s^2 2p^4$; se presentan 6ē de valencia y como son tres átomos de oxígeno en la fórmula del ácido nítrico se tiene una cantidad de electrones de valencia solo para el átomo de oxígeno igual a 3(O) x 6ē = 18ē

El número de electrones de valencia para el átomo de nitrógeno, de acuerdo a su configuración electrónica son: ^{7}N: $1s^2 2s^2 2p^3$, 5ē de valencia y como solo existe un átomo de nitrógeno en la fórmula del ácido nítrico, entonces se tiene un total de: 1(N) x 5ē = 5ē

Para el átomo de hidrógeno se tiene un total de electrones de valencia de 1ē (de acuerdo a su configuración electrónica: ^{1}H: $1s^1$)

Por lo tanto, la cantidad de electrones de valencia de cada átomo en la fórmula del ácido nítrico es:

$$v = 3(O) \times 6\bar{e} + 1(N) \times 5\bar{e} + 1(H) \times 1\bar{e} = 18\bar{e} + 5\bar{e} + 1\bar{e} = 24\bar{e}$$

4. El número de electrones compartidos de cada átomo presentes en la fórmula del ácido nítrico es:

$$c = n - v = 34\bar{e} - 24\bar{e} = 10\bar{e} \text{ (compartidos)}$$

Para determinar los pares de electrones, se divide entre dos la cantidad de electrones compartidos:

Pares de ē = 10ē/2 = 5ē pares de electrones (representados en la fórmula de Lewis por lo puntos en rojo)

5. La cantidad total de electrones no compartidos o aquellos que no están formando un enlace, en la fórmula de Lewis del ácido nítrico:
6.

s = v – c = 24ē - 10ē = 14ē que no forman enlace.

Y los pares de electronos no compartidos son 7 pares de electrones que no están formando un enlace, (se divide s entre 2) y éstos se representan en la fórmula de Lewis a través de los puntos en color negro.

Ejemplo 2.

Establecer la estructura de Lewis para la fórmula del ácido fosfórico.

1. El átomo central es el fosforo rodeado por 4 oxígenos y tres de los oxígenos interaccionan con tres hidrógenos.

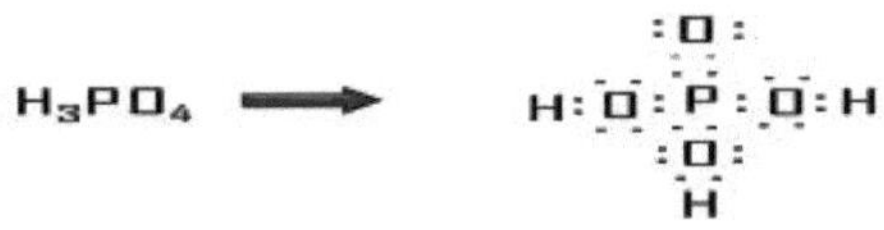

```
                        :O:
H3PO4  ──────►     H:O:P:O:H
                        :O:
                         H
```

2. Se calcula el número de electrones de valencia para cada átomo en la fórmula del ácido fosfórico.

n = 4(O) x 8ē + 3(H) x 2ē + 1(P) x 10ē = 32ē + 6ē + 10ē = 48ē

3. La cantidad de electrones de valencia para cada átomo independiente.

v = 4(O) x 6ē + 3(H) x 1ē + 1(P) x 5ē = 24ē + 3ē + 5ē = 32ē

4. El número de electrones compartidos de cada átomo presentes en la fórmula del ácido fosfórico es:

c = n – v = 48ē - 32ē = 16ē (compartidos)

Pares de ē: 28/2 = 8 pares de electrones representados por los puntos negros y un rojo

5. La cantidad total de electrones no compartidos o aquellos que no están formando un enlace, en la fórmula de Lewis del ácido fosfórico:

s = v – c = 32ē - 16ē = 16ē que no forman enlace.

Pares de ē que no forman enlace: 16/2 = 8ē pares de no enlace.

Ejemplo 3.

Para el hidróxido de calcio $Ca(OH)_2$.
1.

$Ca(OH)_2 \longrightarrow H:O:Ca:O:H$

7. El número de electrones de valencia para cada átomo en la fórmula

n = 2(O) x 8ē + 1(Ca) x 8ē + 2(H) x 2ē = 16ē + 8ē + 4ē = 28ē

8. La cantidad de electrones de valencia para cada átomo independiente

v = 2(O) x 6ē + 1(Ca) x 2ē + 2(H) x 1ē = 16ē + 2ē + 2ē = 20ē

9. El número de electrones compartidos de cada átomo que se presenta en la fórmula del hidróxido de calcio es:

c = n – v = 28ē - 20ē = 8ē (compartidos)

par de ē = 8/2 = 4 pares de electrones.

10. La cantidad total de electrones no compartidos o aquellos que no están formando un enlace, en la fórmula de Lewis del ácido nítrico

s = v – c = 20ē - 8ē = 12ē que no forman enlace

Par de no enlace = 12/2 = 6 pares de electrones no enlazados

Ejemplo 4.

Para la molécula de ácido sulfúrico: H_2SO_4

1. Como tienen 2 hidrógenos, entonces su estructura tendrá 2 grupos OH.

$H_2SO_4 \longrightarrow H:O:S:O:H$ (con :O: arriba y abajo del S)

n = 4(O) x 8ē + 1(S) x 8ē + 2(H) x 2ē = 32ē + 8ē + 4ē = 44ē

v = 4(O) x 6ē + 1(S) x 6ē + 2(H) x 1ē = 24ē + 6ē + 2ē = 32ē

c = n – v = 44ē - 32ē = 12ē (compartidos)

Par de ē = 12/2 = 6 pares de electrones.

s = v – c = 32ē - 12ē =20ē que no forman enlace

Par de no enlace = 20/2 = 10 pares de electrones no enlazados

Estructuras de Lewis para moléculas o iones poliatómicos.

1. Escribir un "esqueleto simétrico" para la molécula o ion poliatómico. Se elige como átomo central, el átomo con menor potencial de ionización (I) o menor electronegatividad. El hidrógeno y el flúor por lo general ocupan posiciones terminales.

2. Distribuir simétricamente los átomos alrededor del átomo central.

Ejemplo. Anhídrido sulfuroso.

$$SO_2 \xrightarrow{\text{Esqueleto}} O \quad S \quad O$$

Ejemplo. Radical ortofosfato:

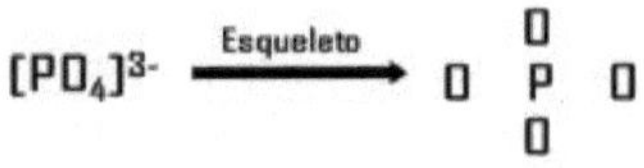

$$[PO_4]^{3-} \xrightarrow{\text{Esqueleto}} \begin{matrix} & O & \\ O & P & O \\ & O & \end{matrix}$$

3. En los oxácidos los átomos de hidrógeno se enlazan a los átomos de oxígeno y estos átomos de oxígeno son los que están unidos al átomo central.

Ejemplo. Ácido sulfúrico:

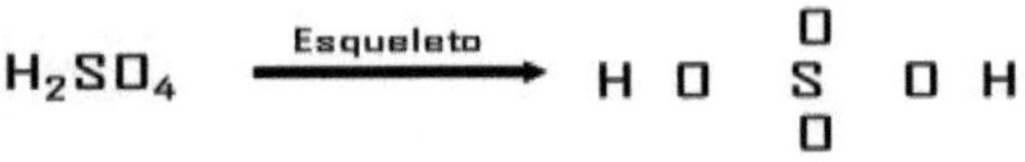

$$H_2SO_4 \xrightarrow{\text{Esqueleto}} \begin{matrix} & & O & & \\ H & O & S & O & H \\ & & O & & \end{matrix}$$

d) Un átomo de halógeno terminal siempre presenta un enlace simple y tres pares solitarios de electrones.

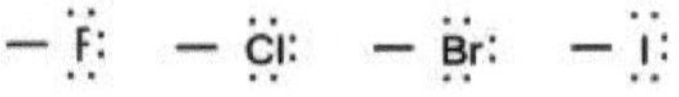

$$-\ddot{\underset{..}{F}}: \quad -\ddot{\underset{..}{Cl}}: \quad -\ddot{\underset{..}{Br}}: \quad -\ddot{\underset{..}{I}}:$$

11. Calcular los electrones de valencia necesarios (n) para que todos los átomos de la molécula o ion consigan configuración de gas noble (8 electrones en la última capa excepto el hidrógeno que necesita dos electrones). Ejemplo:

n = 2ēxN_o de átomos de hidrógeno + 8ēxN_o de átomos (diferente de hidrógeno)

$$n_{H2SO4} = 2ē \times 2(H) + 8ē \times 1(S) + 8ē \times 4(O) = 44ē$$

12. Sumar los electrones de valencia disponibles (ED) para todos los átomos. Estos son los electrones que los átomos tienen en su última capa (coincide con el número de grupo en los elementos representativos). En los aniones, sumar un electrón al total por cada carga negativa.

En los cationes, restar un electrón por cada carga positiva.

$$V_{H2SO4} = 1ē \times 2(H) + 6ē \times 1(S) +6ē \times 4(O) = 32ē$$

$$V_{SO42-} = 6ē \times 1(S) + 6ē \times 4(O) + 2ē = 32ē$$

$$V_{NH4+} = 5ē \times 1(N) + 1ē x(H) – 1ē = 8ē$$

13. Calcular en número de electrones compartidos (n) como la diferencia entre número de electrones necesarios (v) y el número de electrones disponibles (c): c = n - v

c_{H2SO4} = 44ē – 35ē = 12ē ⇒ 12/2 = 6 pares de electrones compartidos.
c_{SO42-} = 40ē – 32ē = 8ē ⇒ 8/2 = 4 pares de electrones compartidos.

14. Calcular el número de electrones no compartidos (s) como la diferencia entre los electrones disponibles (v) y los electrones compartidos (c).

$$s = v – c.$$

15. Asignar un par de electrones a cada par de átomos enlazados. Usar enlaces dobles o triples solo cuando sea necesario.

16. Colocar los electrones adicionales hasta completar el octeto de cada elemento del grupo A.

Ejercicios:

Siguiendo los pasos necesarios, dibuje las estructuras de Lewis para los siguientes compuestos e iones:

a) H_2
b) Cl_2
c) O_2.
d) N_2.
e) HCl.
f) H_2O.
g) NH_3.
h) H_3O^+.
i) NH_4^+

j) HNO_3.
k) H_2SO_3.
l) H_2SO_4.
m) $HClO_4$.
n) HNO_2.
o) H_2CO_3.
p) H_3PO_4

Respuestas de algunos ejercicios.

a) H_2.

$$H_2 \longrightarrow H \quad H$$

n_H = 2ēx1(H) + 2ēx1(H) = 4ē

v_H = 1ēx1(H) + 1ēx1(H) = 2ē

c_H = 4ē – 2ē = 2ē ⇒ 2/2 = 1 pares de electrones compartidos

s = 2ē – 2ē = 0 ⇒ 0/2 = 0 pares de electrones no compartidos

$$H_2 \longrightarrow H:H$$

b) Cl_2.

$$Cl_2 \longrightarrow Cl \quad Cl$$

n_{Cl} = 8ē x 1(Cl) + 8ē x 1(Cl) = 16ē

v_{Cl} = 7ē x 1(Cl) + 7ē x 1(Cl) = 14ē

c_{Cl} = 16ē – 14ē = 2ē ⇒ 2/2 = 1 pares de electrones compartidos

s = 14ē – 2ē = 12 ⇒ 12/2 = 6 pares de electrones no compartidos

Por lo tanto, la configuración tipo Lewis de la molécula de cloro (Cl_2) es:

$$Cl_2 \longrightarrow :\ddot{\underset{..}{Cl}}:\ddot{\underset{..}{Cl}}:$$

Un enlace en el que ambos electrones compartidos provienen de un solo átomo se denomina enlace covalente dativo.

Excepciones a la Regla del octeto.

La regla del octeto tiene sus limitaciones. Las excepciones son principalmente de tres tipos:

a) **Moléculas con número impar de electrones**.

En moléculas como ClO_2 (19ē); NO (11ē); y NO_2 (17 ē), el número total de electrones de valencia es impar. Es imposible aparear totalmente y lograr un octeto alrededor de cada átomo.

Las especies con número impar de electrones se llaman radicales y generalmente son muy reactivas, porque pueden utilizar el electrón desapareado para formar un nuevo enlace.
Por ejemplo:

El radical: $—CH_3$, presenta 7ē de valencia.
El radical: OH^-, presenta 7ē de valencia.

El monóxido de nitrógeno (NO: óxido nítrico)

El átomo de N con 5ē de valencia y el átomo de oxígeno con 6ē de valencia, para un total de 11ē de valencia total, es un ejemplo de radical.

Un birradical es una molécula con dos electrones desapareados y estos se encuentran en átomos diferentes. Es el caso de la molécula de oxígeno.

b) **Moléculas en las que un átomo tiene menos de un octeto**.

El Be, B y Al, forman compuestos en los que hay menos de ocho electrones alrededor del átomo central. En compuestos como el BF_3 y el BeF_2, las estructuras de Lewis son:

BF_3 ⟶ :F:B:F: / :F: ⟶ :F: – B – :F / F:

Donde solo hay 6 electrones alrededor del átomo de boro y cuatro electrones alrededor del átomo de berilio (octeto incompleto).

Podemos completar el octeto del boro formando un doble enlace. Medidas experimentales, sugieren que la verdadera estructura del BF3 es un híbrido de resonancia entre tres estructuras.

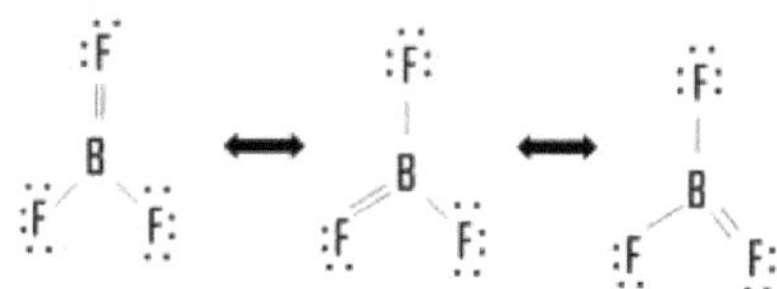

c) **Moléculas en las que un átomo tiene más de un octeto (Octeto expandido).**

Los átomos de elementos del tercer periodo de la tabla periódica, en adelante forman algunos compuestos en los que hay más de ocho electrones alrededor del átomo central, porque tienen orbítales 3d disponibles que se pueden utilizar para el enlace. Estos orbítales permiten que un átomo forme un octeto expandido.

Por ejemplo, la molécula de SF_6 donde cada uno de los seis electrones de valencia del azufre forma enlace covalente con un átomo de flúor, entonces hay doce electrones totales (6 pares) alrededor del átomo de azufre.

También influye el tamaño del átomo. Los elementos que pueden extender sus octetos, muestran covalencia variable (forman diferente número de enlaces covalentes).

Ejercicios:

1. Dibuje las estructuras de Lewis para los siguientes compuestos:
   a) AlI_3
   b) PCl_5.
   c) ClF_3.
   d) IF_5.
   e) SeF_4.

2. ¿Qué especies tienen cantidad impar de electrones?
   a) Br.
   b) OH^-.
   c) NO_2.
   d) PCl_2.
   e) PCl_3.

3. Qué especies son deficientes en electrones.
   a) BeH_2.
   b) CH_3^+.
   c) CH_4.
   d) NH_3.
   e) NH_4^+.

4. ¿Cuántos enlaces covalentes hay en una molécula de cloruro de hidrógeno?

5. ¿Cuántos pares de electrones no compartidos tiene?

6. Use la tabla periódica para: ordenar los siguientes átomos por electronegatividad decreciente: Br, Cl, Fe, K, Rb y marcar los átomos unidos con los enlaces con cargas parciales positivas (δ^+) y cargas parciales negativas (δ^-).

   a) Al – F y Al – Cl.

b) C – Si y C – C.
c) K – Br y Cu – Br.
d) Mg – Cl y Ca – Cl.

7. Describa la formación de los siguientes compuestos iónicos a partir de los átomos respectivos:

   a) Óxido de aluminio.
   b) Hidruro de litio.
   c) Nitruro de magnesio.
   d) Fluoruro de calcio.
   e) Escriba las fórmulas de los compuestos formados.

Al representar una estructura de Lewis estamos describiendo la forma en que los electrones se distribuyen en una molécula dada. Sin embargo, en algunos casos es posible construir varias estructuras de Lewis para una misma especie, las cuales cumplen todos los requisitos aprendidos previamente.

Por lo tanto, una sola estructura de Lewis no nos aporta toda la información que necesitamos de una molécula, o no nos da la información completa, por lo que necesitamos tener más de una estructura de Lewis.

Por ejemplo, en la molécula de ozono se pueden representar dos estructuras de Lewis. En el caso del ozono, sus estructuras por separado no dan una buena representación de su geometría, esto ocurre con las estructuras de numerosas otras moléculas.

:O:O::O   O::O:O:

Dos estructuras de Lewis para representan la molécula de ozono.

La estructura de Lewis presenta deficiencias, por lo que debemos introducir un nuevo término denominado: resonancia. Según el concepto de resonancia, las estructuras que tienen las moléculas pueden encontrarse representadas por la sumación o mezcla de cada una de las estructuras de Lewis que puedan presentarse para una molécula. Cuando queremos indicar que existe resonancia en las estructuras, lo haremos introduciendo una flecha de doble punta. En el caso del ozono sería:

:O:O::O ⟷ O::O:O:

Estructuras de resonancia de Lewis

Las estructuras resonantes serán aquellas que sean una combinación de las diferentes estructuras Lewis existentes para una molécula, pero no debemos confundirlo con los equilibrios entre ellas o los cambios intermoleculares.

De acuerdo a la mecánica cuántica, la distribución a nivel electrónico con la que cuentan cada una de las estructuras moleculares será representada a través de una función de onda siendo, para una molécula Y, la función de onda real un combinado lineal de todas las funciones de onda que tienen las diferentes estructuras resonantes que posee la molécula a tratar. A las estructuras resonantes también se las conoce como formas canónicas.

En el caso del ejemplo que nos ocupa, en el ozono, ambas funciones de onda para cada una de las dos estructuras contribuyen de la misma manera a la función de onda real de la molécula de ozono (ψ), pues en este caso, ambas cuentas con la misma energía, por lo cual se dice que la estructura global es un híbrido de resonancia.

La resonancia presenta dos importantes consecuencias, por un lado, nos habla de las características que presentan los enlaces dentro de la molécula y por otro lado nos reduce la energía que posee el híbrido de resonancia, por lo cual dicha energía siempre será menor que las de las estructuras que participan. De esta forma, por ejemplo, la energía que tiene el híbrido de resonancia para el ozono (O_3), será menor que la tienen cada uno de las estructuras en resonancia individualmente.

El concepto de resonancia es más importante cuanto mayor sea el número de estructuras contribuyentes en energía. En dichos casos, el total de las estructuras resonantes ayudan de igual manera al híbrido de resonancia. Pero cuando las diferentes estructuras resonantes poseen distintas energías, su aporte al híbrido de resonancia tendrá menor importancia según sea mayor la energía que tiene la estructura. Es decir, las estructuras resonantes que tienen menor energía se parecen más a la formación real de la molécula.

La elección de elegir la estructura de Lewis que presente una menor energía y, aquella que colabora en mayor porcentaje al híbrido de resonancia dependerá fuertemente de la distribución que tengan las cargas formales para cada átomo de la molécula.

A pesar de que la carga total que tenga la molécula se encuentre repartida de manera global a lo largo de la estructura, en algunas ocasiones se hace de utilidad poder asignar una carga formal a cada uno de los átomos de la estructura.

La estructura resonante que tiene la energía más pequeña es la que tiene sus cargas formales en átomos solitarios más pequeñas. De igual modo, los átomos con mayor electronegatividad son los que tienen cargas más negativas, y los que poseen menor electronegatividad son las que cuentan con cargas positivas.

Ejemplo.

Represente las estructuras de Lewis para el radical nitrato: NO_3^-:

$$[NO_3]^- \longrightarrow \begin{matrix} O & N & O \\ & O & \end{matrix}$$

n = 3(O)x8ē + 1(N)x8ē + 3ē = (24 + 8 + 3)ē = 35ē
v = 3(O)x6ē + 1(N)x5ē = (18 + 5)ē = 13ē

c = n –v = (35 – 13)ē = 22ē → 22/2 = 11 par de electrones compartidos

s = v – c = (13 – 11) = 2ē → 2/2 = 1ē par de electrones no compartidos

Una vez que se termina la distribución de los electrones de valencia se debe determinar y asignar la carga formal a cada átomo; es decir, para resaltar las transferencias electrónicas, se atribuye a cada átomo en la molécula un número de electrones calculado entre el número aparente en la estructura y el número real de electrones de valencia.

La carga formal es la carga hipotética que se obtiene al asignar los electrones de valencia y los que tienen cada átomo en la estructura y ayuda a decidir cuál estructura es más correcta, o la más estable. La carga formal nos representa la carga eléctrica que posee un átomo en una determinada molécula.

La carga formal para un átomo en la fórmula establecida es igual al número de electrones de valencia menos el número de electrones no enlazados menos el número de enlaces que presenta el átomo (elemento) en la fórmula. Cuando la carga formal es cero no se escribe.

$$C_F = N_{\bar{e}V} - N_{\bar{e}ne} - N_{enla} = N_{\bar{e}V} - (N_{\bar{e}ne} + N_{enla})$$

Dónde:

C_f es la carga formal de cada elemento en la fórmula química.
$N_{\bar{e}ne}$ es el número de electrones (ē) no enlazados en la fórmula
$N_{\bar{e}a}$ número de electrones (ē) asignados.
N_{enla} número de enlaces que tiene el átomo en la fórmula

La suma de las cargas formales de los átomos de una especie es igual a la carga de ésta; es decir, que la suma de cargas formales de los elementos en la fórmula de una molécula (o ion) debe ser igual a la carga eléctrica de la especie en estudio (si es una molécula neutra, debe ser cero; si es un ion, debe coincidir con la carga de éste.

Ejemplo:

La carga formal que le corresponde a cada elemento en la molécula del ácido nitroso es:

$$HNO_2 \longrightarrow H-\ddot{\underset{..}{O}}-\dot{N}=\ddot{\underset{..}{O}}$$

Estructura Lewis

Carga formal del átomo de H: C_{fH} = 1 – 0 - 1 = 1 – 1 = 0

Carga formal del átomo de O (enlace sencillo): $C_{fO} = 6 - 2 - 4 = 6 - (2 + 4) = 0$.
Carga formal del átomo de O (enlace doble): $C_{fO} = 6 - 2 - 4 = 0$
Carga formal del átomo de N: $C_{fN} = 5 - (3 + 2) = 0$

Por lo tanto: la suma de las cargas formales de los elementos o átomos en la fórmula es: cero

Ejemplo:

La carga formal que le corresponde a cada elemento en la molécula del nitrometano es:

$CH_3NO_2 \longrightarrow$ H – C – N (estructura con H, H sobre C; N con doble enlace a O y enlace sencillo a O⁻)

Estructura Lewis

Carga formal del átomo de H: $C_{fH} = 1 - 1 = 0$
Carga formal del átomo de N: $C_{fN} = 5 - 4 = +1$
Carga formal del átomo de O (enlace doble): $C_{fO} = 6 - (2 + 4) = 0$
Carga formal del átomo de O (enlace sencillo): $C_{fO} = 6 - (1 + 6) = -1$
Carga formal del átomo de C: $C_{fC} = 4 - 4 = 0$

Ejercicios.

1. Establecer las estructuras de Lewis y la carga formal para cada elemento que forma la molécula o el compuesto químico.
   a) Ácido hipocloroso.
   b) Permanganato de potasio.
   c) Dicromato de potasio.
   d) Cloruro de aluminio
   e) Pentóxido de fósforo.
   f) Anhídrido carbónico.
   g) Ozono.
   h) Anhídrido de nitrógeno (II)
   i) Hidróxido de radio.
   j) Hidróxido cúprico.
   k) Ácido oxálico.
   l) Ácido benzoico.
   m) Cloroformo
   n) Óxido de silicio.
   o) Yodato de potasio.
   p) Bicarbonato de sodio.

2. Establecer las estructuras de Lewis y la carga formal para cada elemento que forman los siguientes iones.
   a) Clorato.
   b) Amonio
   c) Zincato.
   d) O-fosfato.

e) Hidrosulfato
f) Hidroxicloruro.
g) Meta-aluminato.
h) Sulfito.
i) Ortosilicato.
j) Pirofosfato.
k) Permanganato.
l) Selenito.
m) Citrato.
n) Tartráto.
o) Acetato.
p) Arsenito.

BIBLIOGRAFÍA.

1. Fundamentos de la Química. Principios de Química Básica, José Albino Moreno Rodríguez, Lilián Aurora Moreno Rodríguez, Editorial Académica Española, 2012.
2. Nomenclatura de los compuestos químicos inorgánicos, José Albino Moreno Rodríguez, Lilián Aurora Moreno Rodríguez, Editorial Académica Española, 2016.
3. Química, Raymond Chang y Jason Overby Editorial McGraw-Hill; Edición 13, 2020.
4. Química, Rosa González, Pilar Montagut, Carmen Sansón y Roberto Salcedo, Grupo Editorial Patria; Edición 1st, 2011.
5. Principios de Química, los caminos del descubrimiento, Atkins Peter, Jones, Editorial Medica Panamericana, 2012.

ÍNDICE.

CAPÍTULO CUATRO.

GEOMETRÍA MOLECULAR Y TEORÍAS DE ENLACE

José Albino Moreno Rodríguez[1], Alfonso Daniel Díaz Fonseca[1], Ana Bertha Escobedo López[1], Sandra Luz Cabrera Hilerio[1], Lilián Aurora Moreno Rodríguez[3], Eduardo Alejandro Valdez Torija[3], Enrique Sánchez Mora[3].

[1]Facultad de Ciencias Químicas, Av. San Manuel, Senda Química, C. U, 72570, [2]Centro Universitario de Vinculación y Transferencia de Tecnología, Prolongación de la 24 Sur y Av. San Claudio, C. U., Col. San Manuel, 72570, [3]Instituto de Física, Av. San Claudio y Blvd. 18 sur, Col. San Manuel, 72570. Benemérita Universidad Autónoma de Puebla

Estructuras Lewis.

Las estructuras de Lewis nada dicen acerca de la forma de las moléculas, solo indican las localizaciones aproximadas de los electrones de enlace y los pares solitarios de una molécula.

Es un diagrama bidimensional, no da idea de la posición de los átomos en el espacio.

La forma de una molécula está determinada por sus ángulos de enlace, que son los ángulos formados por las líneas que unen los núcleos de los átomos de la molécula.

Los ángulos de enlace y la longitud de enlace, definen el tamaño y la forma de la molécula. Cuando hay cuatro o más pares de electrones en torno a un átomo central, esos pares con frecuencia no están en un plano. Se deben usar fórmulas estereoquímicas para mostrar las posiciones de los pares de electrones en el papel.

Geometría Molecular.

La geometría molecular (G.M.) es la distribución tridimensional de los átomos de una molécula.

La geometría que adopta una molécula es aquella en la que la repulsión electrónica es mínima. La forma de una molécula se representa indicando las posiciones de los átomos en el espacio prescindiendo de los pares solitarios que pueda tener.

Modelo de la repulsión de los pares electrónicos de la capa de valencia

Este enfoque para estudiar la geometría molecular se denomina "Modelo de la repulsión de los pares electrónicos de la capa de valencia" (RPECV) o (RPENV), ya que explica la distribución geométrica de los pares electrónicos que rodean al átomo central, en términos de la repulsión electrónica entre dichos pares.

Es una forma muy sencilla de predecir las formas de las especies que tienen elementos de los grupos principales como átomos centrales. Según el modelo de repulsión los pares de electrones estarán tan alejados entre sí en el espacio tridimensional como sea posible.

Este modelo propone que la forma de una molécula o ion se puede relacionar con alguna de las cinco formas de acomodamientos de los pares de electrones. La disposición de los pares de electrones alrededor del átomo central (A) de una molécula ABn es la geometría de sus pares de electrones o geometría electrónica (G.E.).

Teoría de RPECV

La teoría de RPECV se basa en cuatro postulados.

1. El factor más importante que determina la geometría de una molécula son los pares de electrones de valencia (de la CEE) de los átomos involucrados en las uniones; es decir, lo que determinará la geometría son los pares de electrones de valencia de ese átomo central, no los pares de electrones de valencia de los átomos que lo están rodeando.

2. Dichos pares de electrones se distribuyen en el espacio de manera tal que la distancia entre ellos sea la máxima posible (lo más lejos posible) para que la repulsión entre ellos sea la mínima posible.

3. Los pares de electrones no compartidos o libres (que no forman uniones) "ocupan" más espacio que los pares compartidos. Esto hace que el ángulo de enlace entre los pares compartidos se achique.

4. A los efectos de determinar la geometría, las uniones múltiples (dobles o triples) se deben considerar como si fueran simples (como si se compartiera un solo par de electrones).

Ejemplo.

Escribir la fórmula de Lewis del $BeCl_2$ y predecir su geometría molecular.

^{4}Be: $1s^2\ 2s^2$
^{17}Cl: $1s^2\ 2s^2p^6\ 3s^2p^5$

n_{BeCl2} = ē(valencia) de cada elemento en la fórmula para tener la configuración de un gas noble:

$$v_{BeCl2} = 4\bar{e}x1(Be) + 8\bar{e}x2(Cl) = 20\bar{e}$$

c_{BeCl2} = ē(valencia) de cada elemento de acuerdo a su configuración electrónica.

$$c_{BeCl2} = 2\bar{e}x1(Be) + 7\bar{e}x2(Cl) = 16\bar{e}$$

c_{BeCl2} = ē compartidos de cada átomo en la fórmula: c = n – v.
c_{BeCl2} = 20ē – 16ē = 4ē ⇒4/2 = 2 pares de electrones compartidos

s = ē no compartidos de cada átomo en la fórmula: s = v – c.
s = 16ē – 4ē = 12ē ⇒ 12/2 = 6 pares de electrones no compartidos

En donde el átomo central es el Be por ser el menos electronegativo y por tener 2 pares de electrones compartidos, la distribución de estos pares de electrones en el espacio es de 180°, para minimizar la energía de repulsión de los pares electrónicos.

$BeCl_2$ ⟶ :Cl:Be:Cl:
180°

Por lo tanto, la molécula del $BeCl_2$ es lineal. Figura 1

Figura 1. Molécula del $BeCl_2$.

Su geometría, tanto la electrónica (GE) como la molecular (GM), es LINEAL.

Ejemplo 2.

En la molécula de trifluoruro de boro BF_3, determinar la fórmula de Lewis y predecir su geometría molecular.

De acuerdo a sus configuraciones electrónicas:

^5B: $1s^2\ 2s^2p^1$
^9F: $1s^2\ 2s^2p^5$

n_{BF3} = 6ēx1(B) + 8ēx3(F) = 30ē

v_{BF3} = 3ēx1(B) + 7ēx3(F) = 24ē

c_{BF3} = 30ē – 24ē = 6ē ⇒ 3/2 = 3 pares de electrones compartidos

s = 24ē – 6ē = 18ē ⇒ 18/2 = 9 pares de electrones no compartidos

El átomo menos electronegativo es el boro (B), por lo tanto, es el átomo central, tiene 3 pares de electrones compartidos y 9 pares de electrones no compartidos, La forma de disponer esos tres pares de electrones lo más lejos posible es hacia los vértices de un triángulo equilátero. Por lo tanto, la geometría molecular del BF_3 es trigonal plano y los ángulos entre los enlaces son de 120°. Figura 2.

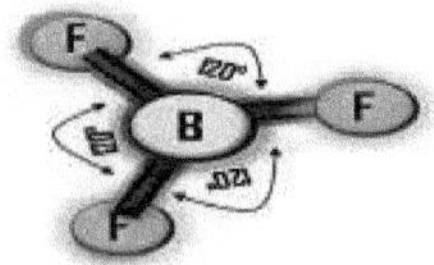

Figura 2. Molécula del BF_3.

Los tres momentos dipolares de las uniones del B-F son iguales en modulo, pero al estar dispuestos en el espacio en forma simétrica (existe un centro de simetría), su suma es igual a cero. Es una molécula no polar.
Ejemplo.

Escribir la fórmula de Lewis del metano y predecir su geometría molecular.

^{6}C: $1s^2\ 2s^2p^2$
^{1}H: $1s^1$

n_{CH4} = ē(valencia) de cada elemento en la fórmula para tener la configuración de un gas noble:

$$n_{CH4} = 8\bar{e}x1(C) + 2\bar{e}x4(H) = 16\bar{e}$$

c_{CH4} = ē(valencia) de cada elemento de acuerdo a su configuración electrónica.

$$c_{BeCl2} = 4\bar{e}x1(C) + 1\bar{e}x4(H) = 8\bar{e}$$

c_{CH4} = ē compartidos de cada átomo en la fórmula: c = n – v.

c_{BeCl2} = 16ē – 8ē = 8ē ⇒8/2 = 4 pares de electrones compartidos

s = ē no compartidos de cada átomo en la fórmula: s = v – c.

s = 8ē – 8ē = 0ē ⇒ 0/2 = 0 pares de electrones no compartidos

En donde el átomo central es el C, porque es el átomo de hidrógeno por convención no se considera átomo central. El desarrollo matemático establece 4 pares de electrones compartidos, La máxima separación en el espacio de cuatro puntos respecto de uno central son los vértices de un tetraedro regular, con un ángulo de 109.5°. Figura 3.

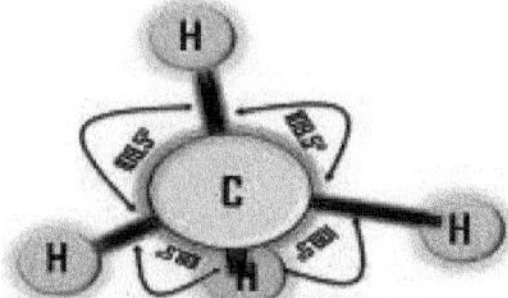

Figura 3. Molécula del CH_4.

Por lo tanto, la molécula del metano es tetragonal.

La premisa de la TRPECV es que los pares de electrones de valencia y los pares libres que rodean a un átomo, se repelen mutuamente y por lo tanto, deben adoptar una disposición espacial que minimicen estas repulsiones. El número de pares de electrones alrededor de un átomo, tanto enlazantes como no enlazantes, se denomina número estérico.

Ejemplo.

Escribir la fórmula de Lewis de la molécula de amoniaco y predecir su geometría molecular.

$^{7}N: 1s^2\ 2s^2p^3$
$^{1}H: 1s^1$

$$n_{NH3} = 3(H)x2\bar{e} + 1(N)x8\bar{e} = 14\bar{e}$$

$$v_{NH3} = 3(H)x1\bar{e} + 1(N)x5\bar{e} = 8\bar{e}$$

$$c = n - v = (14 - 8)\bar{e} = 6\bar{e} \rightarrow 6/2 = 3 \text{ pares de } \bar{e} \text{ compartidos}$$

$$s = v - c = (8 - 6)\bar{e} = 2\bar{e} \rightarrow 2/2 = 1 \text{ pares de } \bar{e} \text{ no compartidos}$$

Por lo tanto, la estructura de Lewis de la molécula de amoniaco será el átomo de nitrógeno como átomo central. La geometría electrónica es tetraédrica. Al quedar un par de electrones libres, quedan tres uniones, que en este caso determinan entre los cuatro átomos una pirámide triangular achatada y la geometría molecular su es piramidal con ángulos menores a 109°. Es una molécula polar.

Por lo tanto, la GM angular puede provenir de una GE plana triangular con un par libre y en ese caso el ángulo es < a 120° o puede provenir de una GE tetraédrica con dos pares libres y en ese caso el ángulo es < a 109.5°.

Además, siempre que existan pares de electrones sin compartir la molécula será polar, porque de las dos condiciones que se deben cumplir para llegar a una molécula no polar, no se cumple la disposición simétrica. Cuando existen pares de electrones sin compartir, son distintas GE y GM, pero en el caso de que todos los pares estén compartidos, coinciden. Figura 4.

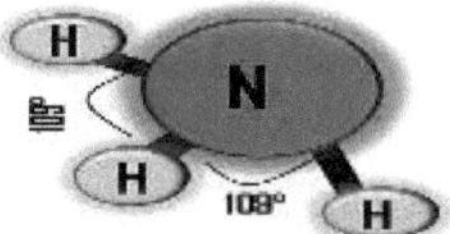

Figura 4. Molécula del NH_3.

Podemos predecir la geometría molecular (GM) a partir de la geometría electrónica. Al indicar la forma de una molécula siempre nos referimos a la geometría molecular y no a la geometría electrónica.

Estructuras moleculares: Modelo VSEPR (RPECV).

Las estructuras de Lewis son útiles para establecer la distribución de los pares electrónicos en las moléculas, pero no aportan nada sobre su previsible geometría. Un modelo simple pero útil para racionalizar la estructura molecular de un compuesto es el conocido con el acrónimo VSPR (Valence Shell Electronic Pair Repulsion) o en su traducción española RPECV (Repulsión entre Pares de Electrones de la Capa de Valencia).

Este modelo funciona aceptablemente para compuestos formados por átomos de los bloques s y p, pero en absoluto es aplicable a los formados por elementos de transición.

El modelo asume como base que cada par de electrones de la capa de valencia (sean de enlace (PE) o solitarios (PS)) tiene asociado un dominio espacial en el que existe una alta probabilidad de encontrarlos. La geometría molecular vendrá determinada por aquella disposición de estos pares de electrones que minimice las repulsiones entre los dominios asignados a cada par de electrones.

Este es por tanto un modelo electrostático según el cual, para prever la geometría molecular, no hay más que distribuir espacialmente los pares de electrones de valencia del átomo central de forma que se dispongan lo más cómodamente posible. Las distribuciones de estos dominios corresponden a las figuras poliédricas regulares.

La geometría molecular viene dada por la distribución de los átomos periféricos unidos al átomo central.

En el modelo de VSPR se suelen utilizar las siguientes letras para representar a los compuestos:

A: átomo central.
X: Ligandos o átomos unidos al átomo central.
E: pares de electrones solitarios asociados al átomo central.

Para predecir la geometría de una molécula se procede del siguiente modo:

1. Se escribe la estructura de Lewis de la cual se deduce el número de pares de electrones presentes en el átomo central, ya sean solitarios o de enlace. Se trata un enlace doble de forma equivalente a uno sencillo.

2. Se distribuyen dichos pares de electrones espacialmente de forma que se minimicen las repulsiones. Cuando los pares solitarios pueden ser situados en más de una posición no equivalentes se sitúan allí donde se reduzcan las repulsiones cuanto sea posible.

3. La geometría molecular viene determinada por la posición de los átomos periféricos.

En VSPR no hay que olvidar la diferenciación entre distribución de los pares de electrones y la geometría de la molécula. Todos los pares de electrones del átomo central, sean o no de enlace, se distribuyen en el espacio. Sin embargo, sólo las posiciones de los átomos periféricos describen la geometría molecular.

La VSEPR predice la geometría molecular de forma teórica de las siguientes moléculas. Tabla 1.

Tabla 1. Predicción de la geometría molecular de los compuestos químicos

Par de Electrones	Fórmula Molecular	Molécula	Estructura Lewis	Geometría molecular
2	AX_2	$BeCl_2$ BeH_2	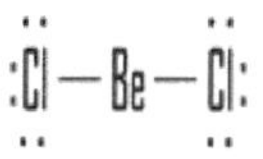 :Cl—Be—Cl:	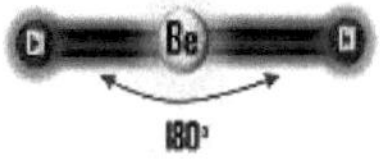 180° Lineal
3	AX_3	BF_3 $AlCl_3$	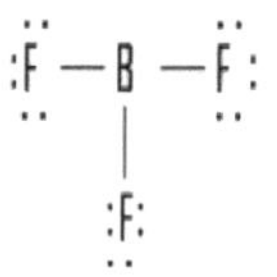 :F—B—F: | :F:	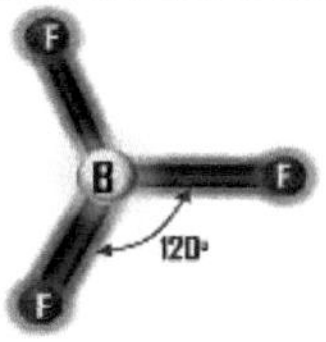 120° Trigonal plana
	AX_2E	$SnCl_2$		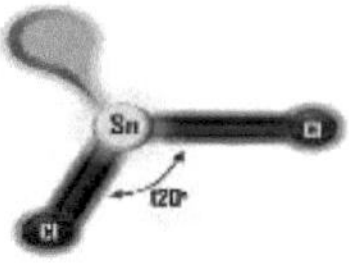 120° Angular
4	AX_4	CH_4 $SiCl_4$	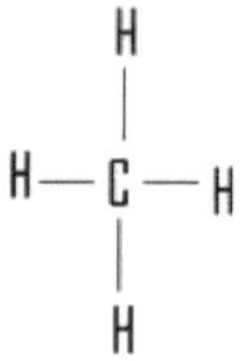 H | H—C—H | H	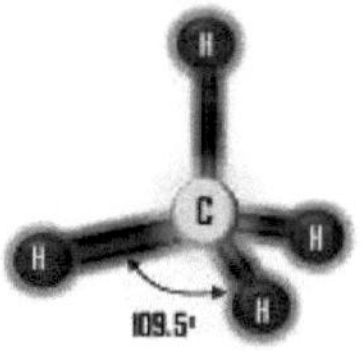 109.5° Tetraédrica
	AX_3E	NH_3 PCl_3		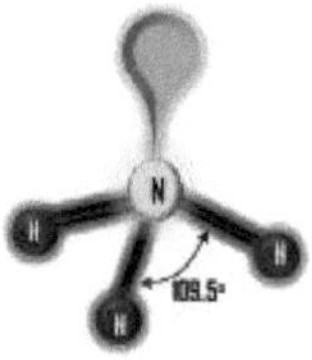 109.5° Pirámide trigonal

	AX_2E_2	H_2O SCl_2		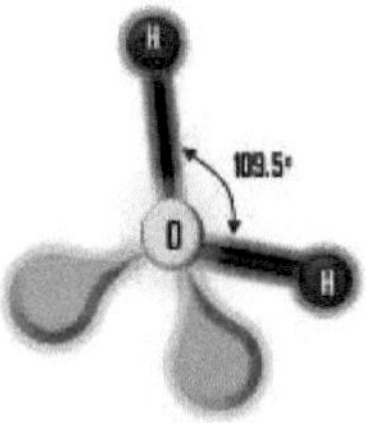
	AX_3E	HF		
5	AX_5	PCl_5 AsF_5		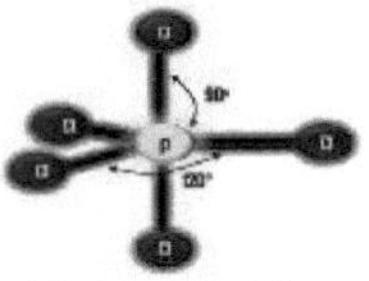 Bipirámide trigonal
	AX_4E	SF_4		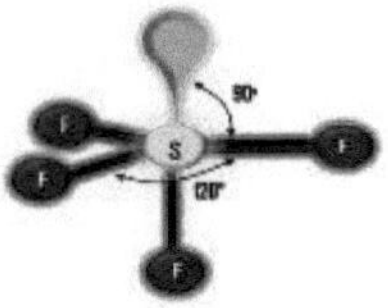 Disferoidal
	AX_3E_2	ClF_3		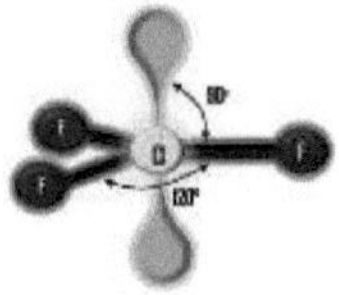 Forma de T
	AX_2E_3	XeF_2		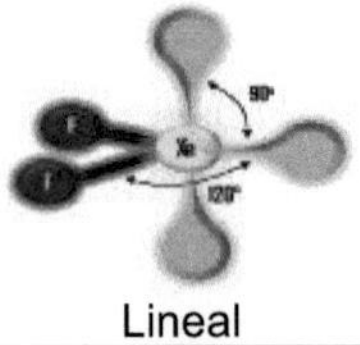 Lineal
	AX_6	SF_6		 Octaédrica

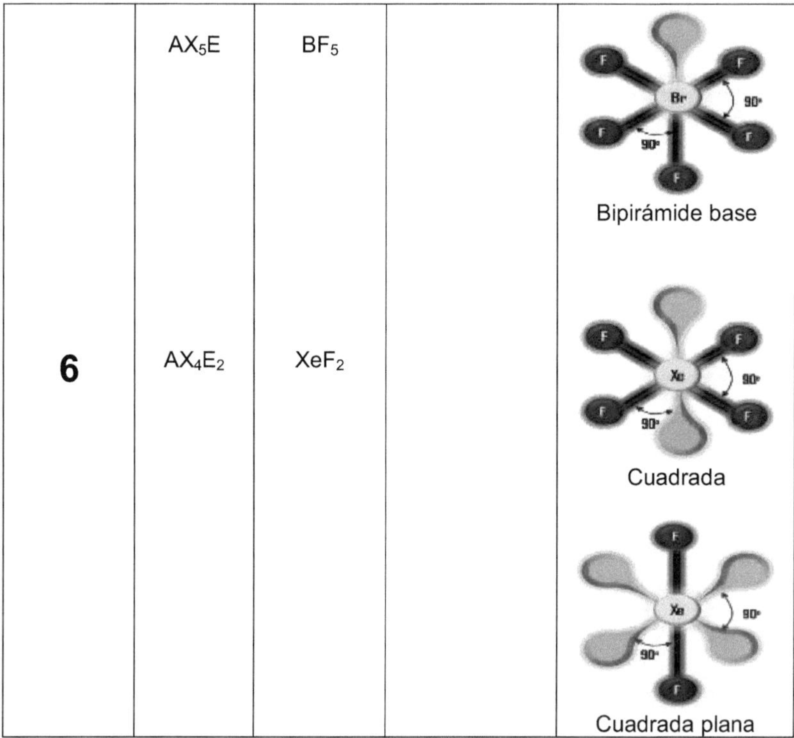

6	AX_5E	BF_5		Bipirámide base
	AX_4E_2	XeF_2		Cuadrada Cuadrada plana

Generalmente las moléculas no presentan unas geometrías tan regulares como las hasta aquí mostradas. Se observan notables distorsiones respecto de dichas geometrías ideales. Estas desviaciones tienen su origen en tres factores diferentes:

1. Coexistencia de pares de electrones de enlace y no enlace.

2. Coexistencia de átomos diferentes (y con diferente electronegatividad).

3. Presencia de enlaces múltiples.

Coexistencia de pares de electrones de enlace y de no enlace.

Un par de electrones de no enlace (par solitario, ps) está sometido exclusivamente a la Z* de su propio núcleo. Un par de electrones de enlace (pe) lo está a los dos núcleos a los que enlaza y por tanto está fuertemente localizado en la región internuclear. Es lógico pensar que dado que el dominio espacial de un par solitario (ps) está más deslocalizado ocupará por tanto un volumen mayor que un par de enlace (pe). La consecuencia inmediata es que las repulsiones que generan los ps y los pe no son equivalentes, pudiéndose establecer la siguiente secuencia de repulsiones:

R(ps-ps) >> R(ps-pe) > R(pe-pe)

Así, una molécula que tenga 1ps y 3pe que en principio debería tener unos ángulos de enlace próximos a los 109.5 teóricos para un tetraedro, en realidad estos ángulos serán mucho menores.

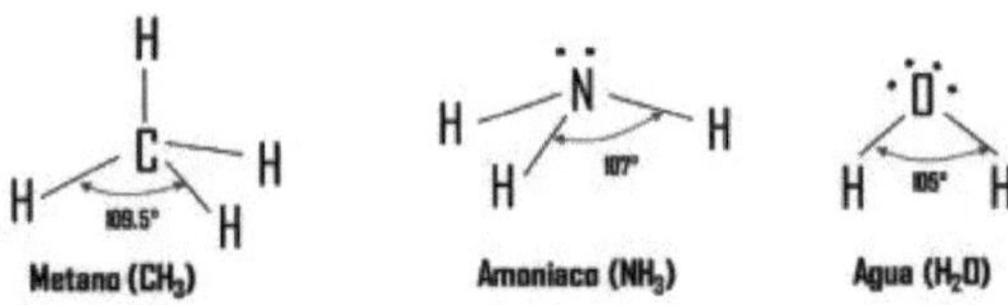
Metano (CH_3) Amoniaco (NH_3) Agua (H_2O)

Coexistencia de átomos diferentes y de diferente electronegatividad.

Obviamente la presencia de diversos átomos periféricos dentro de una molécula (MX_3Y) introduce distorsiones respecto de la geometría ideal. Comparemos dos moléculas MX_3 y MY_3, donde X e Y son átomos periféricos de diferente electronegatividad. Si la X es más electronegativo que Y, cabe esperar que atraiga más eficazmente a los electrones del par de enlace, disminuyendo las repulsiones que generan entre ellos en las proximidades del átomo central y por tanto facilitando que el ángulo XMX sea más cerrado que el YMY.

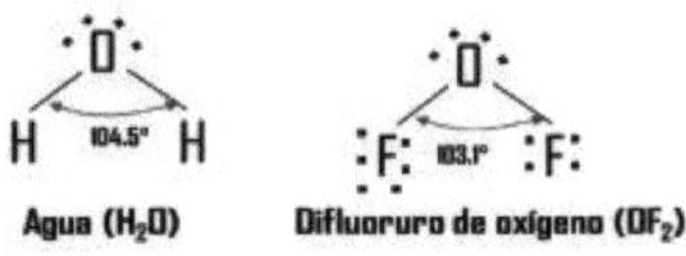
Agua (H_2O) Difluoruro de oxígeno (OF_2)

Presencia de enlaces múltiples.

La coexistencia de enlaces simples y múltiples en una misma molécula origina una cierta asimetría en las repulsiones entre los pares de electrones, si están localizados. Un enlace múltiple produce una mayor densidad electrónica en la región interatómica lo que conlleva mayores repulsiones electrostáticas frente a las que pueda originar en un enlace sencillo.

Cuando en una molécula o ion (CO_3^{2-}, ClO_4^-, SO_4^{2-}, entre otros radicales), se tienen electrones y enlaces que pueden presentar cierto tipo de resonancia en toda la estructura molecular, la molécula puede adoptar la geometría ideal prevista por el modelo de VSPR.

Elementos con 5 pares de electrones.

El poliedro ideal (de acuerdo a VSPR) en el caso de distribuir 5 pares de electrones alrededor del átomo central es la bipirámide trigonal.

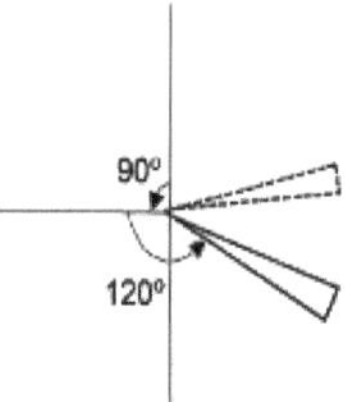

En una bipirámide trigonal las posiciones axiales (A) y ecuatoriales (E) no son equivalentes. Los pares electrónicos que se disponen en el plano axial tienen mayor repulsión por tener tres átomos periféricos a 90º. Mientras que en la posición ecuatorial solo tienen 2 átomos periféricos a 90º (aunque se presenten 3 átomos periféricos a 120º pero en este caso las repulsiones son muy débiles). Por lo tanto, en el plano ecuatorial se sitúan de forma preferente los pares solitarios, que son más voluminosos, en donde las repulsiones son mínimas.

Un ejemplo muy evidente de la no equivalencia electrónica de las posiciones axiales y ecuatoriales, se observa en la serie de halogenuros de fosforo: $Cl_nF_{4-n}P$. Los átomos de Cl (menos electronegativos que el F) tienden a colocarse preferentemente en las posiciones ecuatoriales, aunque la electronegatividad del flúor es ligeramente mayor que la del cloro, pero es más voluminoso que este último.

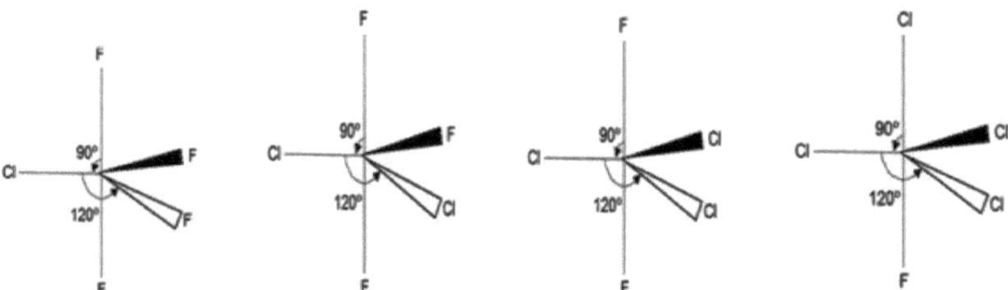

Elementos con 6 pares de electrones.

En este caso, la distribución ideal es la octaédrica. En un octaedro todas las posiciones son equivalentes (todos los ángulos son de 90º) y por tanto no hay posiciones privilegiadas para los pares solitarios. Las distorsiones respecto de la geometría ideal se argumentarán en base a los conceptos expuestos con anterioridad.

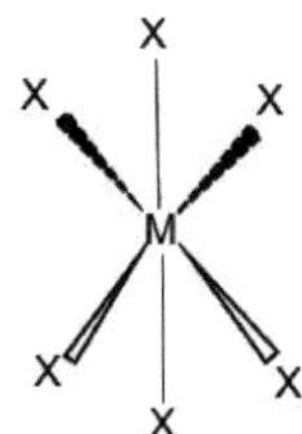

Ejemplos.

1. Determina la geometría de las siguientes especies de acuerdo con el modelo de repulsiones de pares electrónicos de la capa de valencia: PCl_3, ICl_4^-, ICl_2^+, $XeOF_4$, XeO_3, SF_4, ClF_3, ICl_2^-, OSF_4, $POCl_3$, XeO_2F_2, XeO_2, IOF_5, $IO_2F_2^-$, IF_4^-

Respuesta de las primeros cuatro moléculas ye iones.

Para la molécula de tricloruro de fosforo: PCl_3.

Como presenta un par solitario (so) y tres pares de enlace (pe) entonces tendrá 4 enlaces.

$$PCl_3\text{: 1 ps+3 pe = 4.}$$

La distribución ideal de 4 pe, es un tetraedro. Este tetraedro estará distorsionado por el efecto de las repulsiones ps-pe que hacen que el ángulo Cl-P-Cl sea menor que 109.5°.

De acuerdo la estructura de Lewis:

:Cl— P — Cl:
|
:Cl:

Por lo tanto, la geometría es la de una pirámide trigonal

P
Cl Cl
Cl

Para el ion de ICl_4^-

$$ICl_4^- = 2ps + 4\ pe = 6$$

La distribución ideal de 6 pares de electrones es un octaedro. Todas las interacciones son a 90° y no hay posiciones favorecidas. La geometría es cuadrado-plana.

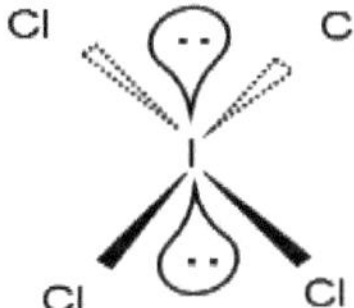

Para el ion de ICl_2^+:

ICl_2^+ = 2ps + 2 pe = 4

La estructura de Lewis implica la distribución de 4 pares de electrones de valencia (tetraedro). Este tetraedro imaginario sólo mantiene dos posiciones para formar enlaces por tanto la geometría será angular.

:Cl — I — Cl:

I

Cl

Cl

Para la molécula: $XeOF_4$:

$XeOF_4$ = 1ps+5 enlaces = 6 (Nota: el enlace doble se contabiliza como una única unión). La estructura de Lewis es:

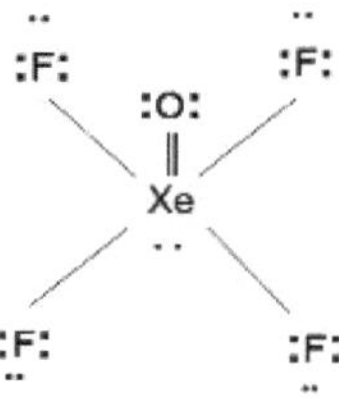

Lo que implica la distribución de 6 pares de electrones (octaedro), de las cuales sólo 5 se ocupan de formar enlaces. Por tanto, la geometría será la de una pirámide cuadrada distorsionada.

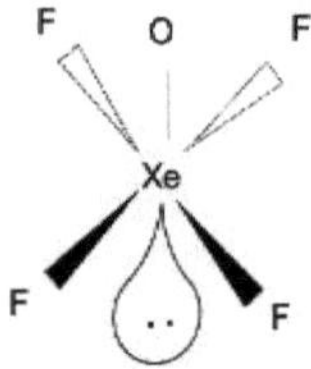

EJERCICIOS.

1. Describir la geometría molecular de las siguientes especies químicas de acuerdo con el modelo de repulsiones de pares electrónicos de la capa de valencia:
   a) HOC(=O)-C(=O)OH
   b) $H_3C\text{-}C{\equiv}CH$.
   c) $H_2C{=}CH_2$
   d) $NaHCO_3$.
   e) ICl_4^-
   f) $XeOF_4$
   g) IOF_5
   h) XeO_3F_7
   i) $NbCl_6^-$
   j) $VOCl_3$
   k) $[Fe(N(SiH_3)_2)_3]$
   l) $Mn(H_2O)_6^{2+}$
   m) $Cu(CN)_2^-]_n$
   n) $[Ag(NH_3)_2]^+$

BIBLIOGRAFÍA.

1. Pablo E. Rosi, "Introducción a la representación molecular", colección Las Ciencias Naturales y las Matemáticas, Instituto Nacional de Educación Tecnológica, República Argentina, 2010.
2. María Irene Vera, "Química General", Unidad IV, Enlaces Químicos, Facultad de Ciencias Exactas y Naturales y Agrimensura, Universidad Nacional del Nordeste, 2010.
3. Andrés Cedillo, "La geometría molecular y las teorías de enlace", cedillo@xanum.uam.mx; UAMI, México.
4. Alfredo Velásquez Márquez, "Geometría molecular y análisis de momentos dipolo", UNAM, 2010.

ÍNDICE. **Pagina**

CAPÍTULO CINCO.

INTRODUCCIÓN. ESTRUCTUTAS QUÍMICAS EN RESONANCIA

José Albino Moreno Rodríguez[1], Alfonso Daniel Díaz Fonseca[1], Lilián Aurora Moreno Rodríguez[3], Eduardo Alejandro Valdez Torija[3], Ana Bertha Escobedo López, Sandra Luz Cabrera Hilerio, Alfonso Daniel Díaz Fonseca, Elsa Adriana Camarillo Jiménez, Enoc Flores Ventura, Adriana Hernández Calva.

[1]Facultad de Ciencias Químicas, Av. San Manuel, Senda Química, C. U, 72570, [2]Centro Universitario de Vinculación y Transferencia de Tecnología, Prolongación de la 24 Sur y Av. San Claudio, C. U., Col. San Manuel, 72570, [3]Instituto de Física, Av. San Claudio y Blvd. 18 sur, Col. San Manuel, 72570. Benemérita Universidad Autónoma de Puebla

Efecto inductivo.

Es el desplazamiento parcial del par electrónico en enlace sencillo "σ" hacia el átomo más electronegativo provocando fracciones de carga; es decir, al proceso de reasignación de los electrones llamados pi (de un doble enlace) y de los electrones libre (pares de electrones o impar de electrones que no forman enlace) de los átomos de una molécula.

El desplazamiento, reasignación y deslocalización de un par electrónico de un enlace covalente hacia el átomo más electronegativo de una molécula se le conoce como efecto inductivo, originando una distorsión de los enlaces vecinos de la molécula.

Para entender esta movilidad, desplazamiento, reasignación y deslocalización de los electrones, se presentan estructuras químicas simbólicas que presenten dobles enlaces y pares de electrones deslocalizados de forma consecutiva. A todas las estructuras o fórmulas químicas que participan en la representación real de una molécula, se les llama híbridos de resonancia. Al representar todas las estructuras hibridas de resonancia, se establece, se plantea y se comprenden los mecanismos de reacción que permiten explicar la estabilidad de las moléculas que presentan densidades de carga deslocalizada (dobles enlaces o pares de electrones deslocalizados, libres o no enlazados).

Reglas de resonancia en estructuras químicas.

Basándose en las reglas de resonancia, se establecen los mecanismos de reacción, para poder explicar y demostrar la estabilidad de las moléculas hibridas

Las reglas fundamentales de resonancia se basan cuando en los híbridos de resonancia presentan el mismo número de átomos y átomos totalmente semejantes (iguales) y a la diferencia entre las estructuras híbridas en resonancia; es decir, la diferencia en la ubicación de los electrones "pi" y de los electrones no apareados o libres.

Las reglas de resonancia que se establecen a continuación, se aplican para dos o más estructuras de una misma

a) La molécula que peseta resonancia o híbridos de resonancia tienen la misma fórmula molecular; es decir, establecen la misma analogía.
b) Presentan o conservan el mismo enlace sigma, las formas hibridas de la molécula; es decir, todos los enlaces sigma, permanecen en la misma posición, en todas las formulas híbridas, lo que establece que no existe ningún cambio en la posición de los átomos en la molécula; es decir analogía.
c) Las estructuras híbridas conservan el mismo número de electrones enlazados o de enlace.
d) La diferencia solo se presenta en la posición de los electrones "pi" o de los electrones no enlazantes o que no forman enlace.

Otras reglas de resonancia que establece una proporción directa entre magnitud de energía de resonancia y estabilidad de las formas híbridas; es decir, que permiten definir el orden relativo de estabilidad de las formas resonantes, y determinan la magnitud relativa de su contribución; por lo que se establece que el orden de contribución es mayor cuando:

e) Existe el menor número total de cargas unitarias (reales o formales, no parciales).
f) Existe el mayor número de átomos dentro de la molécula que cumplen con la regla del octeto (u octeto expandido cuando es viable).
g) Las cargas se ubican preferentemente en átomos con mayor capacidad para soportarlas, ya sea por electronegatividad, por tipo de sustitución (carbonos bencílico, arílico, terciario, secundario, primario) o por volumen atómico.
h) La separación de cargas opuestas es mínima, quedando implícito que cuando no existen cargas, la separación de las mismas es cero y por tanto son las formas resonantes más importantes.
i) La separación de cargas iguales es máxima.

Las reglas de resonancia que a continuación se desglosan, se establecen para para dos o más moléculas diferentes, mediante el análisis de sus respectivos grupos de estructuras resonantes, en donde se define la magnitud relativa de la energía de resonancia de varias moléculas; por la tanto, la energía de resonancia es mayor cuando:

a) Existan más estructuras equivalentes de la más alta prioridad (incisos e al i), es decir, que no sólo tengan el mismo número de enlaces pi, sino que además posean la misma constitución (tipo y número de enlaces.
b) Existan más estructuras isovalentes (tienen el mismo número de enlaces pi).
c) Más planos sean los sistemas de resonancia en la molécula; es decir, que los átomos con electrones pi y átomos con electrones libres involucrados en la resonancia sean coplanares, resultando consecuentemente la coplanaridad de los electrones en resonancia.

d) El sistema de resonancia sea más lineal que ramificado.

Por ejemplos, aplicación de las reglas de resonancia.

1. Se presentan dos estructuras muy similares de las cetonas, figura
a) acetona
b) metilcetona

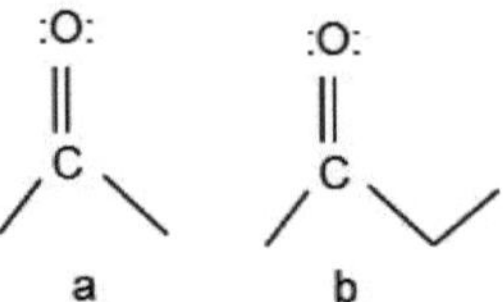

Figura 1. Figuras similares del grupo ceto.

De acuerdo las reglas de resonancia, estas estructuras químicas no cumplen con ninguna de ellas, por que presentan diferente fórmula molecular (inciso a: C_3H_6O, inciso b: C_4H_8O), no estructura molecular.

2. Se presentan dos estructuras químicas isoméricas (tautómeros).

De acuerdo a las reglas de la resonancia, estos dos tautómeros, si cumplen con la primera regla de resonancia por tener la misma fórmula molecular (inciso a: C_3H_6O, inciso b: C_3H_6O), no estructura molecular; sin embargo, no cumplen con la segunda regla de resonancia, porque en la estructura a, existen seis enlaces sigma carbono-hidrógeno y ningún enlace sigma oxígeno-hidrógeno, mientras que en la estructura b, sólo existen cinco enlaces sigma carbono-hidrógeno y un enlace sigma oxígeno-hidrógeno, lo que indica que hubo cambio de posición de un átomo de hidrógeno dentro de la molécula (en la estructura a, se encuentra unido a carbono y en la estructura b, se une al oxígeno b.

3. Se presentan dos estructuras en donde se presenta la ruptura de un enlace pi.

En una ecuación de homólisis; es decir, cuando se presenta una ruptura de un enlace pi, a través de radiación, ambas estructuras (a y b), cumplen con las dos primeras reglas, pero la diferencia está en el número de electrones pareados, ya que la segunda estructura posee dos electrones no pareados y la primera ninguno.

4. Se presentan dos estructuras resonantes.

:O: || C (a) $\xrightarrow{h\nu}$ δ- :Ö: | C δ+ (b)

Generalmente, las estructuras resonantes cumplen con todas las regla de resonancia.

En la molécula del cloroetano (CH_3-CH_2-Cl), al ser el átomo de cloro más electronegativo respecto al átomo de carbono, el par electrónico del enlace se desplaza hacia el cloro, quedando el átomo de carbono con una deficiencia electrónica; es decir, el átomo de carbono tiende a presentar una carga parcial positiva (δ^+) y el átomo de cloro tiende a presentar una carga parcial negativa (δ^-) y el átomo de hidrógeno se toma como referencia (no provoca efecto inductivo).

$$\overset{\delta^+}{CH_3}-\overset{\delta+}{CH_2}-\overset{\delta-}{Cl}$$

Existen grupos atractores, que los denominamos grupos (-I) y son aquellos que retiran, jalan o atraen electrones (ē), como -NO_2, – COOH, –X (halógeno), –OH, entre otros. Y existen grupos dadores, que los denominaremos (+I) y son aquellos que aportan (seden) electrones, como: –CH_3, –CH_2–CH_3, –C(CH_3), –COO^-, entre otros.

Se transmite a lo largo de la cadena a enlaces adyacentes, aunque cada vez más débilmente.

El efecto inductivo se propaga a través de la cadena sólo hasta el tercer átomo de C.

Efecto mesómero o resonancia

Es el desplazamiento del par de electrones "π del doble enlace hacia uno de los átomos por la presencia de pares electrónicos cercanos.

Existen moléculas en donde la descripción por una sola estructura de Lewis no es cualitativamente correcta. Es el caso del ion carbonato, CO_3^{2-}. En este ion el átomo de carbono puede formar cuatro enlaces con los átomos de oxígeno. Con ellos puede formar dos enlaces simples y uno doble:

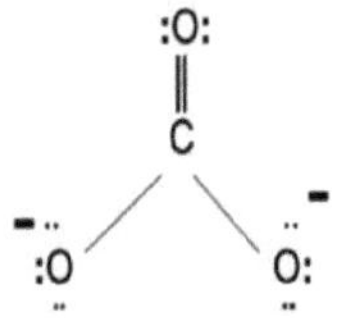

En esta estructura los oxígenos no son equivalentes. Pero los datos experimentales muestran que todos los enlaces C-O tienen la misma longitud (129 pm). Por lo tanto, la descripción anterior no puede ser correcta. Una forma de describir el ion es por tres estructuras equivalentes que se construyen colocando el doble enlace sucesivamente con cada oxígeno.

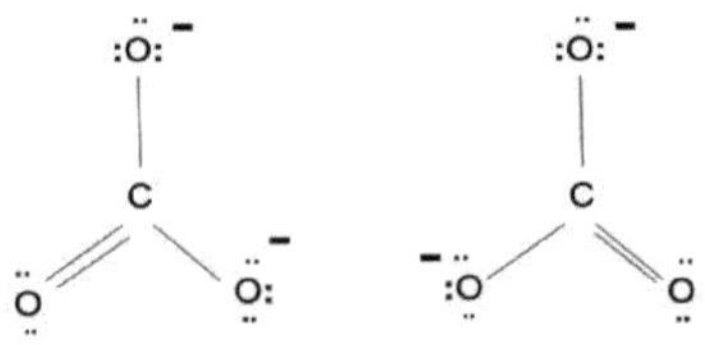

Lo mismo que hemos discutido para la primera representación ocurrirá para estas dos. Veamos qué pasa si comparamos las tres representaciones.

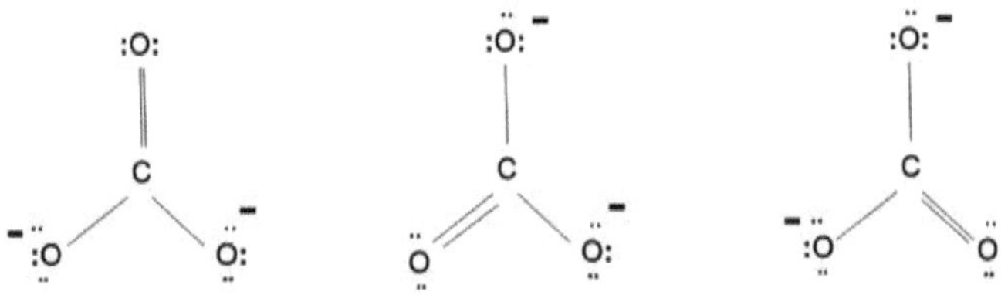

En realidad, difieren en la posición del doble enlace, es decir, en la posición de los electrones. Podríamos visualizar este movimiento de electrones de la siguiente manera:

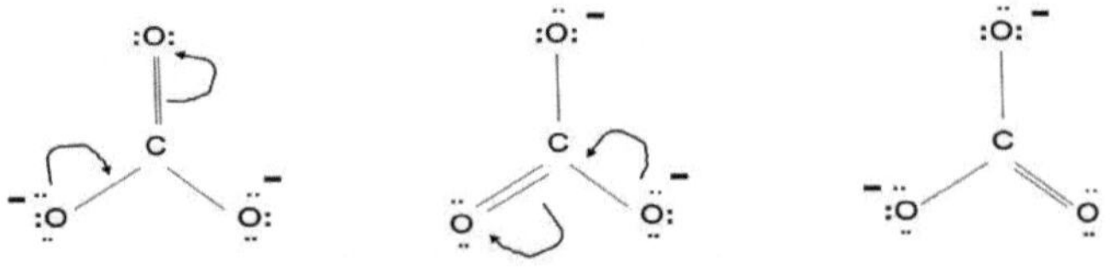

Se establece que entre las estructuras existe una relación de estructuras de resonancia. Es decir, la representación real no es ninguna de ellas sino todas, Por lo tanto, puede representarse como un híbrido de resonancia en donde los electrones están deslocalizados a través de los átomos del ion o de la molécula.

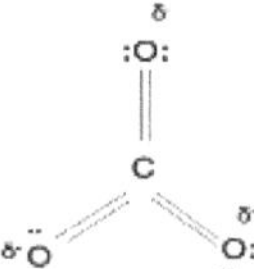

El híbrido de resonancia sirve para representar que la estructura real de cualquier molécula o ion es más estable que cualquier estructura de resonancia de la molécula o ion. Lo mismo ocurre con el ion nitrato, NO_3^-.

Un ejemplo importante es la resonancia del benceno, las formas mesómeras son: C_6H_6

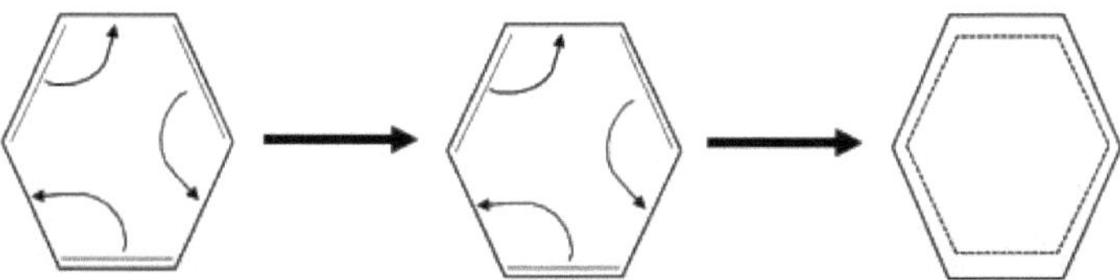

Ejemplos de diferentes estructuras de SO_2, SO_3 y O_3:

Molécula de SO_2:

Molécula de SO_3:

Molécula de O_3:

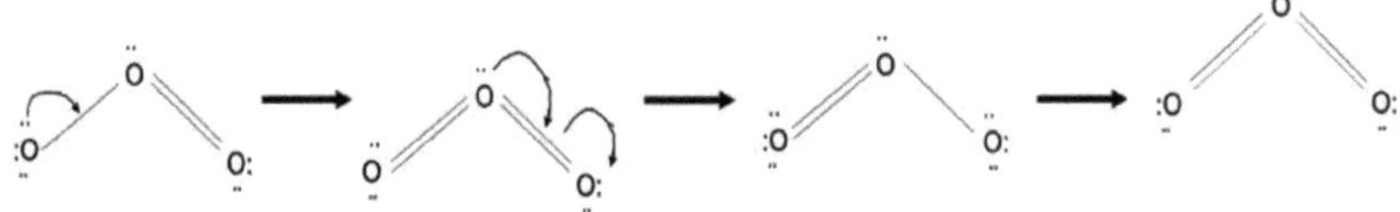

Ejercicios.

1. Mostrar que la estructura de Lewis del ion amonio hace aparecer cargas formales. Dar además su geometría.
2. Para el caso del monóxido de carbono, CO, mostrar que:
   a) Existe una estructura de Lewis que respeta la regla del octeto, pero hace aparecer cargas formales.
   b) Existe una estructura de Lewis que no respeta la regla del octeto y no hace aparecer cargas formales.
3. Escribir dos estructuras de Lewis de la molécula H_2BNH_2, una de ellas con separación de cargas y otra con cargas formales nulas sobre cada átomo.
4. Dar las estructuras de Lewis del ácido nítrico, indicando las cargas formales de cada átomo.
5. Calcular el enlace iónico de los enlaces H-X (X = F, Cl, Br, I).
6. El ion nitrosilo NO^+ deriva del monóxido de nitrógeno NO.
   a) Dé la representación de Lewis de las dos especies.
   b) Explique el carácter magnético y la gran aptitud a la dimerización del NO.
7. ¿Cuál es la estructura de Lewis del metanal (formaldehido), H_2CO? y ¿cuál es su estructura más probable?
8. Las moléculas cloradas conocidas de los elementos del segundo período de la Tabla Periódica son: LiCl, $BeCl_2$, BCl_3, CCl_4, NCl_3, OCl_2, FCl_3. Dar la representación de Lewis y precisar quienes cumplen la regla del octeto.

BIBLIOGRAFÍA

1. Beth Díaz, "Teoría de la orbital molecular resonancia compuestos aromáticos", Universidad Central de Venezuela. Facultad de Farmacia, 2011.
2. John McMurry, Cornell University, "Química Orgánica, 7ª. Edición, Cengage Learning, 2008.
3. Juan Carlos Autino, Gustavo Romanelli, Diego Manuel Ruiz, "Introducción a la Química Orgánica", Editorial de la Univrsidad de la Plata, Udulp, 2013.
4. Francis A. Carey, "Química Orgánica", sexta edición, Mc Graw Hill, 2003.

ÍNDICE. **Página**

Printed by Books on Demand GmbH, Norderstedt / Germany